W0190072

Kennzahlen

Prof. Dr. Hilmar J. Vollmuth

4. Auflage

Bibliografische Information der deutschen Bibliothek
Die Deutsche Bibliothek verzeichnet diese Publikation in der Deutschen
Nationalbibliografie; detaillierte bibliografische Daten sind im Internet über
http://dnb.ddb.de abrufbar.

ISBN 3-448-07382-2
Ab 1.1.07: 978-3-448-07382-9
Bestell-Nr. 00676-0004

1. Auflage 1998 (ISBN 3-86027-205-5)
2., überarbeitete Auflage 2002 (ISBN 3-448-04867-4)
3., durchgesehene Auflage 2004 (ISBN 3-448-0623-1)
4., durchgesehene Auflage 2006

© 2006, Rudolf Haufe Verlag GmbH & Co. KG, Niederlassung Planegg/München
Postanschrift: Postfach, 82142 Planegg
Hausanschrift: Fraunhoferstraße 5, 82152 Planegg
Fon (0 89) 8 95 17-0, Fax (0 89) 8 95 17-2 50
E-Mail: online@haufe.de
Internet: www.haufe.de
Lektorat: Dr. Ilonka Kunow
Redaktion: Jürgen Fischer
Redaktionsassistenz: Christine Rüber

Alle Rechte, auch die des auszugsweisen Nachdrucks, der fotomechanischen
Wiedergabe (einschließlich Mikrokopie) sowie der Auswertung durch Daten-
banken oder ähnliche Einrichtungen vorbehalten.

Satz+Layout: S6-media GmbH, 82166 Gräfelfing
Umschlaggestaltung: Agentur Buttgereit & Heidenreich, 45721 Haltern am See
Druck: freiburger graphische betriebe, 79108 Freiburg

Zur Herstellung der Bücher wird nur alterungsbeständiges Papier verwendet.

TaschenGuides – alles, was Sie wissen müssen

Für alle, die wenig Zeit haben und erfahren wollen, worauf es ankommt. Für Einsteiger und für Profis, die ihre Kenntnisse rasch auffrischen wollen.

Sie sparen Zeit und können das Wissen effizient umsetzen:

Kompetente Autoren erklären jedes Thema aktuell, leicht verständlich und praxisnah.

In der Gliederung finden Sie die wichtigsten Fragen und Probleme aus der Praxis.

Das übersichtliche Layout ermöglicht es Ihnen sich rasch zu orientieren.

Anleitungen „Schritt für Schritt", Checklisten und hilfreiche Tipps bieten Ihnen das nötige Werkzeug für Ihre Arbeit.

Als Schnelleinstieg die geeignete Arbeitsbasis für Gruppen in Organisationen und Betrieben.

Ihre Meinung interessiert uns! Mailen Sie einfach unter online@haufe.de an die TaschenGuide-Redaktion. Wir freuen uns auf Ihre Anregungen.

Inhalt

Vorwort

Betriebswirtschaftliche Kennzahlen geben in kompakter Form Auskunft über Stärken und Schwächen eines Unternehmens, über seine momentane Situation und über Entwicklungen. Sie sind daher ein nützliches Instrument zur Planung und Steuerung und sollten überall dort eingesetzt werden, wo wichtige Entscheidungen getroffen werden.

Doch zunächst müssen Sie prüfen, welche Kennzahlen für Ihr Unternehmen brauchbar sind, welche Ziele damit verfolgt werden sollen, wie viele Zahlen überhaupt benötigt werden und wer mit ihnen arbeiten soll. Denn es kostet eine Menge Zeit, Performance-Zahlen zu erfassen, auszuwerten und zu überwachen. Wer sich mit den falschen Zahlen beschäftigt, verschwendet nicht nur Kapazitäten, sondern läuft auch Gefahr, die falsche Richtung einzuschlagen.

Dieser TaschenGuide klärt Sie über die Grundlagen und die geläufigsten Kennzahlen auf und veranschaulicht anhand vieler praktischer Beispiele die Berechnungen. In ihm erfahren Sie, was einzelne Kennzahlen bedeuten und ob sie für Ihr Unternehmen Nutzen und Erfolg bringen können. Er sagt Ihnen, was harte und weiche Daten sind und was es bedeutet, ein Kennzahlensystem zu entwickeln.

Prof. Dr. Hilmar J. Vollmuth

Grundlagen

Was sagen Kennzahlen aus?

Jedes Unternehmen benötigt aussagefähige Daten, die seinen Führungskräften helfen sollen, die festgelegten Ziele zu verfolgen, die richtigen Entscheidungen zu fällen und für die Zukunft Verbesserungen anzusteuern.

Informationen dazu können Kennzahlen liefern. Das sind Zahlen, die messbare, betriebswirtschaftlich relevante Daten zusammenfassen und in einen größeren Zusammenhang stellen. Wie in einem Brennglas bündeln sie dabei mehrere oder schwer überschaubare Daten zu einer aussagekräftigen Größe. Mit Kennzahlen können Sie Ihr Unternehmen bewerten, Ergebnisse des Jahresabschlusses mit dem Vorjahr vergleichen oder sich an anderen Unternehmen messen.

Mit Kennzahlen lassen sich

- betriebliche Vorgänge messen,
- betriebliche Sachverhalte beurteilen,
- komplexe Sachverhalte kurz und prägnant darstellen,
- Maßstäbe für die Zukunft festlegen und
- kritische Erfolgsfaktoren festmachen.

Beispiel

Kennzahlen für die Erfolgs- oder Finanzanalyse sind wohl die bekanntesten Messgrößen. Sie liefern z. B. Vergleichsdaten darüber, wie sich das Unternehmen finanziert, wie rentabel das Eigenkapital arbeitet oder wie angespannt die Schuldenlage ist. Andere Kennzahlen betreffen eher „weiche" Daten: So lässt sich z. B. die Mitarbeiterzufriedenheit mit bestimmten Kennzahlen messen, die aus den Daten einer entsprechenden Umfrage gewonnen werden.

Die verdichtete Information ist entscheidend

Dabei machen Kennzahlen häufig solche Sachverhalte sichtbar, die aus den üblichen Betriebsdaten nicht sofort zu erkennen sind.

Beispiel

Für die Kennzahl „Eigenkapitalrentabilität", welche die Verzinsung des eingebrachten Kapitals ermittelt, benötigen Sie den Bilanzgewinn und das Eigenkapital aus der Bilanz.

Was Kennzahlen also von anderen Daten im Unternehmen, etwa Berechnungen in der Buchhaltung, unterscheidet ist, dass sie bestimmte Abhängigkeiten verdeutlichen, Informationen verdichten, Komplexität reduzieren und damit leichter zu überschauen sind.

Beispiel

Bilanzkennzahlen etwa komprimieren Daten aus dem Jahresabschluss. So lässt dieser sich nicht nur leichter interpretieren, sondern es kann auch rasch eine Vergleichsbasis zum letzten Geschäftsjahr hergestellt werden. Andere Kennzahlen wiederum ermöglichen eine zusammenfassende Auswertung der Kosten- und Leistungsrechnung oder dienen der Betriebsstatistik.

■ *Kennzahlen verdichten betriebliche Informationen zu einer aussage-fähigen Zahl und verdeutlichen gleichzeitig größere Zusammenhänge im Unternehmen.* ■

Wie werden Kennzahlen gebildet?

Kennzahlen stellen immer Messwerte dar. Dabei lassen sich drei Arten unterscheiden:

- Absolute Kennzahlen lassen sich ohne weitere Berechnung den Betriebsdaten entnehmen;

- Verhältniszahlen setzen mehrere Zahlen aus den Betriebsdaten in ein Verhältnis;

- Richtzahlen setzen Orientierungsgrößen außerhalb des Unternehmens mit Kennzahlen in Relation.

Nach diesen Prinzipien werden nicht nur Finanzkennzahlen gebildet; auch wenn Sie selber Kennzahlen entwickeln, sollten Sie immer auf Zusammenhänge achten und/oder Vergleichsgrößen heranziehen, damit Sie messbare und aussagekräftige Zahlen erhalten.

Einfach zu erhalten: absolute Kennzahlen

Absolute Kennzahlen (Grundzahlen) können direkt aus der Bilanz und der Gewinn- und Verlustrechnung (GuV), aber auch aus anderen Unterlagen entnommen werden. Es handelt sich um Einzelzahlen, Summen, Differenzen oder Mittelwerte. Bilanzgewinn, Forderungen aus Lieferungen und Leistungen, Anlagevermögen oder Umsatzerlöse sind etwa solche absoluten Kennzahlen.

Die absoluten Zahlen stellen aber eigentlich noch keine komprimierten Informationen dar. Die Bedeutung der einzelnen Größen wird erst sichtbar, wenn sie mit anderen Zahlen verglichen werden. Deshalb werden in den Analysen und kritischen Stellungnahmen vor allem Verhältniszahlen verwendet.

Eine Relation herstellen: Verhältniszahlen

Die Verhältniszahlen (Relativzahlen) werden ermittelt, wenn absolute Zahlen zueinander in Beziehung gesetzt werden. Eine Größe messen Sie dabei an einer anderen Zahl. Die Masse, an der gemessen wird, wird als Bezugsgröße bezeichnet. Es gibt drei Arten von Verhältniszahlen mit unterschiedlicher Bedeutung: Gliederungs-, Beziehungs- und Indexzahlen.

> ■ *Verhältniszahlen sind für Bilanzanalyse und Bilanzkritik besonders wichtig.* ■

Gliederungszahlen

Bei den Gliederungszahlen wird eine Teilmasse zu der zugehörigen Gesamtmasse in Beziehung gesetzt. Es geht also um ein anteiliges Verhältnis (das dann auch in Prozent ausgedrückt wird). Gliederungszahlen haben gegenüber absoluten Zahlen den Vorteil, dass Größenordnungen und strukturelle Beziehungen klar dargestellt werden können.

Beispiel

Mit der Eigenkapitalquote etwa wird ermittelt, wie die Relation zwischen dem Eigenkapital (Teilgröße) und dem Gesamtkapital (Gesamtgröße) eines Unternehmens aussieht.

$$\text{Eigenkapitalquote} = \frac{\text{Eigenkapital}}{\text{Gesamtkapital}} \times 100$$

Beziehungszahlen

Bei Beziehungszahlen werden wesensverschiedene absolute Zahlen zueinander in Beziehung gesetzt, die aber in einem inneren Zusammenhang stehen. Beziehungszahlen erleichtern den Einblick in bestimmte Zusammenhänge. Die in einen Zusammenhang gebrachten Tatbestände können dabei durchaus sehr komplexer Natur sein.

Beispiel

Der Deckungsgrad 1 besagt, wieviel Prozent des Anlagevermögens durch Eigenkapital gedeckt ist.

$$\text{Deckungsgrad 1} = \frac{\text{Eigenkapital}}{\text{Anlagevermögen}} \times 100$$

Indexzahlen

Bei Indexzahlen (Messzahlen) werden gleichartige, aber zeitlich oder räumlich getrennte Massen zu einer Basismasse in Beziehung gesetzt.

Eine Indexzahl gibt an, um wie viel Prozent sich ein bestimmter Vergleichswert im Berichtsjahr gegenüber dem Wert des Ausgangsjahres verändert hat, wobei der Ausgangswert gleich 100 gesetzt ist. Dadurch lassen sich zeitliche Entwicklungen hervorragend aufzeigen. So kann z. B. mit einer Indexzahl geprüft werden, wie sich die Umsatzerlöse verschiedener Jahre im Vergleich zum Umsatzerlös des Basisjahres entwickelt haben. Eine ganz bekannte Indexzahl ist der DAX (Deutscher Aktienindex), der die Kursentwicklung der dreißig größten Aktiengesellschaften aufzeigt.

Bei der Erstellung von Indexzahlen muss allerdings darauf geachtet werden, dass der Ausgangswert des Basisjahres repräsentativ ist und nicht durch zufällige saisonale oder strukturelle Störeinflüsse verzerrt ist.

Die meisten großen Unternehmen veröffentlichen heute auf ihren Webseiten bzw. in ihren Geschäftsberichten regelmäßig wichtige Kennzahlen; darunter finden sie sowohl absolute als auch Verhältniszahlen. Wie im folgenden Beispiel wird zumeist auf einen Jahresvergleich Wert gelegt.

Beispiel: Kennzahlen für die Öffentlichkeit

Die KarstadtQuelle AG veröffentlicht regelmäßig eine Reihe von Kennzahlen (Quelle: www.karstadtquelle.com, Ausschnitt):

Kennzahlen KarstadtQuelle-Konzern per 31.12.2000				
		2000	1999	Veränderungen in %
Ertragslage				
EBIT	Mio. €	332,2	280,8	18,3
Jahresüberschuss	Mio. €	248,7	218,6	13,8
Return on Capital Employed	in %	10,0	8,8	–
Finanzlage und Dividende				
Brutto-Cashflow	Mio. €	643,1	699,8	– 8,1
Flüssige Mittel	Mio. €	236,7	217,3	8,9
Abschreibungen	Mio. €	357,9	367,9	–2,7
Dividende	Mio. €	78,8	72,9	8,1

		2000	1999	Veränderungen in %
Bilanzstruktur				
Bilanzsumme	Mio. €	8 191,8	7 925,0	3,4
Eigenkapital	Mio. €	1,866,7	1,698,7	9,9
Eigenkapitalquote	in %	22,8	21,4	–
Anlagevermögen	Mio. €	3 462,5	3 280,8	5,5
Umlaufvermögen	Mio. €	4 705,4	4 614,6	2,0
Sonstige Angaben				
Mitarbeiter am 31.12.	Anzahl	112 516	113 490	–0,9
Personalaufwand	Mio. €	3 216,8	3 169,5	1,5
Investitionen	Mio. €	569,9	481,7	18,3

Orientierung nach Richtzahlen

Richtzahlen erhalten Sie, wenn Sie die Zahlen Ihres oder des analysierten Unternehmens in Beziehung setzen zu branchenspezifischen Durchschnittszahlen. Die Branchenzahlen erfassen einen repräsentativen Querschnitt von Unternehmen eines Industriezweigs. Bestimmte Kennzahlen lassen sich auch mit einer allgemeinen Durchschnittsgröße des Markts vergleichen.

Beispiel

So kann der durchschnittliche Zinssatz des Kapitalmarkts als Maßstab für die Beurteilung der Gesamtkapitalrentabilität des analysierten Unternehmens herangezogen werden; denn diese Kennzahl beziffert, welche „Verzinsung" bzw. Rendite das gesamte Kapital des Unternehmens im Geschäftsjahr gebracht hat.

Mit Kennzahlen die Bilanz besser deuten

In der Praxis kommt es nicht selten vor, dass betriebswirtschaftliche Zahlen isoliert gedeutet oder in einen falschen
Zusammenhang gestellt werden. Dies gilt vor allem für absolute Zahlen aus der Bilanz. Deren einzelne Positionen haben
für sich nur eine begrenzte Aussagekraft. Gerade bei Bilanzanalyse und Bilanzkritik werden daher häufig Kennzahlen
eingesetzt, die wiederum zu weiteren Kennzahlen führen
können. Dazu ein Beispiel aus der Bilanzanalyse.

Beispiel

Für den Leser einer Bilanz wird die Position „Verbindlichkeiten aus Lieferungen und Leistungen" in Höhe von 100 000 € für sich recht wenig bedeuten. Diese Position gewinnt erst an Bedeutung durch die Verknüpfung
mit der Zahl „Materialaufwand + Mehrwertsteuer". Dadurch erhält man
die Kennzahl „Kreditorenumschlag".

Der Kreditorenumschlag wird wie folgt errechnet:

$$\text{Kreditorenumschlag} = \frac{\text{Materialaufwand + Mehrwertsteuer}}{\text{Durchschn. Verbindlichkeiten aus Lieferungen und Leistungen}}$$

Das Ergebnis dieser Kennzahl ist allerdings für sich immer
noch nicht aussagekräftig. Doch von ihr aus können Sie zu
einer weiteren, klaren Kennzahl gelangen. Teilt man 360 Tage
durch den Kreditorenumschlag, erhalten Sie die Kennzahl
„Lieferantenziel", die besagt, innerhalb wie vieler Tage das
Unternehmen durchschnittlich seine Rechnungen an die Lieferanten begleicht. Angenommen, der Kreditorenumschlag
beträgt 5, ergibt sich folgende Berechnung:

$$\text{Lieferantenziel} = \frac{360}{\text{Kreditorenumschlag}}$$

$$\text{Lieferantenziel} = \frac{360}{5} = 72 \text{ Tage}$$

Das Unternehmen bezahlt also seine Lieferantenrechnungen im Durchschnitt erst nach 72 Tagen und verzichtet damit auf die Skontierung, die in der Regel innerhalb von zehn Tagen gewährt wird. Dieses Ergebnis ist insofern als problematisch zu betrachten, da anzunehmen ist, dass das Unternehmen Liquiditätsschwierigkeiten hat.

Für die einzelnen Bilanzpositionen sollten immer sinnvolle Beziehungen gesucht werden. Dadurch kann der Aussagewert der Bilanz wesentlich erhöht werden. Der Unternehmensleitung und den Führungskräften stehen dann verbesserte Informationen zur Verfügung.

■ *Bilanzanalyse und Bilanzkritik beruhen im Wesentlichen auf der Ermittlung und Interpretation von Kennzahlen. Die Kunst besteht darin, die jeweils zweckmäßigen Kennzahlen auszuwählen und korrekt zu interpretieren. Es hat keinen Sinn, eine Menge von Kennzahlen zu errechnen, die dann nur unvollständig ausgewertet werden.* ■

Für welche Bereiche lassen sich Kennzahlen erstellen?

Kennzahlen lassen Aussagen über ganz unterschiedliche Bereiche des Unternehmens zu. Dabei geht es bei weitem nicht immer nur um das Finanzwesen. Kennzahlen können gebildet werden, um Aussagen zu treffen über:

- finanzielle Ergebnisse

- die Qualität der Produkte und der Serviceleistungen

- den Ablauf der betrieblichen Prozesse

- die Zufriedenheit der Kunden

- die Leistungsfähigkeit der Lieferanten

- die Zufriedenheit der Mitarbeiter

- Innovationen

- Umweltschutz

Es empfiehlt sich, alle Bereiche zu berücksichtigen. Bei der Auswahl der für Sie relevanten Kennzahlen sollten natürlich Ziel und Nutzen der Zahlen immer im Vordergrund stehen (siehe auch unten). Wenn Sie sich z. B. noch besser auf die Bedürfnisse Ihrer Kunden einstellen wollen, genügt es sicher nicht, eine Kennzahl zur Qualität der Produkte zu erstellen; Sie sollten dann auch versuchen eine aussagekräftige Größe zur Kundenzufriedenheit zu ermitteln.

Warum mit Kennzahlen arbeiten?

Kennzahlen bieten also die Möglichkeit, bestimmte Informationen über Ihr Unternehmen zu erhalten, etwa zur betrieblichen Entwicklung. Viele der geläufigen Kennzahlen lassen sich dabei ganz rasch aus bestimmten Betriebsdaten erstellen. Bei bestimmten Kennzahlen wissen Sie dann oft sofort, ob der erzielte Wert positiv oder negativ zu beurteilen ist (wie etwa im obigen Beispiel beim Lieferantenziel).

Kontinuierlich die Entwicklung verfolgen

Dennoch genügt es nicht, Kennzahlen willkürlich, nur sporadisch oder unsystematisch zu erstellen und auszuwerten. Erst die kontinuierliche Beobachtung macht Kennzahlen auch zu einem brauchbaren Instrument. Wenn Sie Kennzahlen erstmalig erstellen, haben Sie zwar schon eine Vergleichsmöglichkeit zu anderen Unternehmen, die diese Kennzahlen benutzen, über Entwicklungen in Ihrem Unternehmen sagt die eine Zahl allein jedoch noch nichts aus. Sie sollten die Zahlen daher immer regelmäßig erstellen und überwachen.

Wozu Kennzahlen dienen

Mit der Auswertung von Kennzahlen können Sie dann ganz unterschiedliche Aufgaben oder Ziele verfolgen. Sie helfen Ihnen,

- die wirtschaftliche Lage eines Unternehmens zu einem bestimmten Zeitpunkt oder über einen längeren Zeitraum hinweg zu beurteilen,

- sich einen Überblick über die Gesamtsituation, aber auch über verschiedene Teilbereiche zu verschaffen,

- zu erkennen, wo die Schwächen, wo die Stärken des Unternehmens liegen,

- bestimmte Entwicklungen zu beobachten,

- rechtzeitig Signale für Fehlentwicklungen zu erkennen,

- das Unternehmen mit anderen zu vergleichen.

Mit Kennzahlen können Sie entweder eine Momentaufnahme Ihres Unternehmens machen oder Betriebsergebnisse über einen bestimmten Zeitraum hinweg erfassen.

- Kennzahlen, die aus den Bilanzposten errechnet werden, stellen z. B. eine Momentaufnahme dar.

- Kennzahlen, die aus der Gewinn- und Verlustrechnung (GuV) stammen, betreffen hingegen den Zeitraum eines Geschäftsjahres.

Wem Kennzahlen nützen

Kennzahlen dienen somit hauptsächlich dazu, Unternehmensleitung und Führungskräfte bei der Entscheidungsfindung zu unterstützen sowohl was die kurzfristige als auch langfristige Planung, Kontrolle und Steuerung betrifft (operatives und strategisches Controlling).

Wer Kennzahlen zu interpretieren weiß, kann

- sich schnell und auf einfachem Wege ein Bild über bestimmte Zusammenhänge und Abhängigkeiten im Betrieb machen,

- einzelne Entscheidungen besser vorbereiten und

- deren Auswirkungen überprüfen.

Aber auch für Kunden und Lieferanten bieten Kennzahlen interessante Informationen oder Bewertungskriterien. Und schließlich haben bei großen Unternehmen natürlich auch Gesellschafter, Aktionäre oder die Öffentlichkeit Interesse an bestimmten Entwicklungen, die durch Kennzahlen transparent gemacht werden können.

Kennzahlen strategisch einsetzen

Kennzahlen zusammenstellen – welche und wie viele?

Zunächst sollten Sie recherchieren, welche Kennzahlen Sie für Ihre Aufgaben und Ziele benötigen, und dann eine Auswahl treffen.

Wichtig: Erfolgsfaktoren messen

Die Auswahl der richtigen Kennzahlen ist aber nicht einfach. Ein wichtiger Grundsatz ist, Größen für alle entscheidenden und kritischen Erfolgsfaktoren festzulegen. Es gilt also die Meilensteine, die im Unternehmen eine wichtige Rolle spielen, anhand von Kennzahlen klar herauszustellen. Das heißt, die Kennzahlen müssen sich von den unternehmerischen Zielen und Aufgaben ableiten.

Beispiel

So wird etwa in einem Industriebetrieb die betriebliche Performance, etwa Produktivität oder Durchlaufzeit, eine wichtige Rolle spielen. In einem Dienstleistungsunternehmen sind hingegen Kennzahlen entscheidend, die etwas über die Servicequalität aussagen. Für ein Unternehmen, das umweltfreundliche Technologien entwickelt, kann es Vorteile bringen, für seine Kunden und die Öffentlichkeit Kennzahlen aufzubereiten, die herausstellen, wie weit das Unternehmen bei seiner Produktion selbst Umweltstandards berücksichtigt.

Sich auf Schlüsselkennzahlen beschränken

In der Praxis arbeiten selbst große Unternehmen oft nur mit einer Auswahl von wenigen Kennzahlen. Tatsächlich kommt es insbesondere darauf an, sich auf bestimmte Schlüsselkennzahlen zu konzentrieren, wollen Sie die wirklich relevanten Informationen auch effektiv herausfiltern.

> ■ *Schlüsselkennzahlen sind die wichtigsten Messgrößen, die für den Erfolg des Unternehmens maßgebend sind.* ■

Beispiel

Ein Software-Unternehmen stellt fest, dass mit einer guten Beratung nach dem Verkauf seiner Produkte Kunden langfristig gebunden werden können. Somit ist die optimale Kundenbetreuung ein Erfolgsfaktor für das Unternehmen. Also wird es sich zum Ziel setzen, den Kundenservice und die Kompetenz seiner Mitarbeiter zu verbessern und eine entsprechende Messgröße zu den Schlüsselkennzahlen zu nehmen.

Es kann durchaus zweckmäßig sein, sich nur auf zehn bis 20 wichtige Kennzahlen zu beschränken; dies macht zumindest dann Sinn, wenn die Kennzahlen für die Unternehmensleitung oder Gremien der höheren Führungsebene bestimmt sind. Denn man kann Managern mit einem engen Terminplan nicht zumuten, laufend Berichte mit Hunderten von Zahlen auszuwerten - dazu hat niemand die Zeit.

> ■ *Je schneller, kompakter und klarer die Information „ankommen" muss, desto kleiner sollte die Auswahl von Kennzahlen sein. Beschränken Sie sich auf wenige, aber aussagekräftige Kennzahlen. Bedenken Sie, dass die Zahlenberichte auch gelesen, beurteilt und überwacht werden müssen.* ■

Ausgehend von diesen Schlüsselkennzahlen können dann noch eine Reihe weiterer untergeordneter Kennzahlen berücksichtig werden, um einen detaillierteren Einblick in die

Stärken und Schwächen des Unternehmens zu ermöglichen. Dies kann mithilfe eines Kennzahlensystems erfolgen.

Mehrere Kennzahlen zu einem System zusammenfassen

Das vorige Kapitel hat schon gezeigt: Heute genügt es kaum mehr, mit isolierten Zahlen zu arbeiten. Viele Unternehmen erstellen ein System mit verschiedenen Schlüssel- und untergeordneten Kennzahlen. Solch ein Kennzahlensystem stellt das Unternehmen in seiner Gesamtheit dar. Es lässt Abhängigkeiten und Querverbindungen im Unternehmen besser erkennen. Kennzahlensysteme können aber auch in einem Bereich einzelne Zahlen, die miteinander in engem Zusammenhang stehen, verknüpfen. Sie werden etwa entwickelt, um auf die Anforderungen und Wünsche der Kunden, der Mitarbeiter oder der Aktionäre eingehen zu können.

Ein Standardsystem geht von der Kennzahl „ROI" aus, die den Orientierungsrahmen vorgibt. Dieses System stellen wir im dritten Abschnitt vor (ab Seite 84).

Ein Kennzahlensystem leitet sich aus den Zielen des Unternehmens ab. Es sollte die wichtigsten und kritischen Erfolgsfaktoren umfassen. Daher sollte recherchiert werden, welche Kennzahlen für Erfolge und Misserfolge in der Vergangenheit entscheidend waren und für die Zukunft von besonderer Bedeutung sind. Ein einmal erstelltes System darf jedoch niemals zu einem unveränderlichen Gerüst erstarren; es muss flexibel und verbesserungsfähig bleiben, um an veränderte Bedingungen angepasst werden zu können.

> ■ *Entscheidend ist nicht möglichst viele Einzeldaten zu gewinnen, sondern ein aussagefähiges Kompendium an Zahlen zu erstellen, das überschaubar ist und den wichtigen Zielvorgaben entspricht.* ■

Von großen Zielen untergeordnete Kennzahlen ableiten

Die Schlüsselkennzahlen ergeben sich aus den wichtigsten Zielen des Unternehmens. In der Praxis wird dann häufig so verfahren, dass aus den Vorgaben für die Schlüsselkennzahlen Detailkennzahlen abgeleitet werden. Das heißt umgekehrt, dass untergeordnete Kennzahlen ihrerseits dazu dienen, Daten für die übergeordneten zu liefern. Damit ist gewährleistet, dass die im Unternehmen verwendeten Zahlen einheitlich und durchgängig sind. Bei diesem **Top-Down-Ansatz** entwickelt die Unternehmensspitze die Schlüsselkennzahlen, auch Makrokennzahlen genannt, von denen weitere Kennzahlen für die untergeordneten Einheiten abgeleitet werden. Natürlich können in einzelnen Abteilungen auch zusätzliche Kennzahlen verwendet werden, die für diesen Unternehmensbereich eine wichtige Rolle spielen. Aber das Ziel der Schlüsselkennzahlen steht im Vordergrund. Eine Alternative wäre für einzelne Unternehmenseinheiten oder -bereiche eigene Kennzahlensysteme zu entwickeln. Große Konzerne mit verschiedenen Standorten oder Niederlassungen praktizieren häufig dieses Konzept.

Die Kennzahlen kontinuierlich verbessern

Dann sollten die ausgewählten Kennzahlen zumindest jährlich überprüft und gegebenenfalls erweitert werden. So kann sich etwa nach einiger Zeit herausstellen, dass noch zusätzliche Zahlen in einzelnen Verantwortungsbereichen erforderlich sind. Die Erfahrungen, die Sie und Ihre Mitarbeiter beim täglichen Arbeiten mit Kennzahlen machen, können dazu genutzt werden, sie auf ihre Brauchbarkeit zu prüfen, um nach Bedarf das System zu erweitern, einzelne Zahlen weiter zu komprimieren oder neue Zahlen aufzunehmen. Ziel muss immer sein, die Unternehmensführung mit kompakten und wirklich brauchbaren Informationen zu versorgen. Nur so kann die Zielgruppe ihre Aufgaben auch effizient erfüllen.

> ■ *Sie sollten die Qualität der Kennzahlen und des Kennzahlensystems laufend im Auge behalten. Notwendige Änderungen sind möglichst schnell zu beschließen und durchzuführen.* ■

Worauf ist zu achten?

Kennzahlen müssen Ihnen und dem Unternehmen einen optimalen Nutzen bringen. Daten, deren Zweck keiner so genau kennt, sind ebenso wertlos wie komplizierte Berechnungen, die nur einige Spezialisten verstehen. Je eher Ihre Kennzahlen die in der folgenden Checkliste angeführten Anforderungen erfüllen, um so aussagefähiger sind sie und um so effektiver können Sie mit ihnen arbeiten.

Checkliste: Anforderungen an Kennzahlen

■ Jede Kennzahl muss mit einer **Vorgabe** oder einem **Ziel** verbunden sein.

■ Kennzahlen sollten **komprimierte** Informationen erhalten, dabei aber dennoch **genau** sein, um auch kleine Abweichungen aufdecken zu können.

■ Die Daten müssen **messbar** sein, also Mengen oder Werte (etwa auch Prozentwerte) ausdrücken.

- Die Zahlen müssen **vollständig** sein, damit Sie zu den richtigen Ergebnissen kommen.

- Sie sollten **vergleichbar** sein; dazu gehört z. B. auch, dass sie einheitlich bezeichnet sind.

- Sie sollten **übersichtlich** aufbereitet sein und **Transparenz** vermitteln.

- Kennzahlen müssen **verständlich** und **benutzerfreundlich** sein, damit ihre Auswertung effektiv erfolgen kann.

- Bei Erstellung und Auswertung sollten Sie auch auf **wirtschaftliche Kriterien** Rücksicht nehmen.

Was ist außerdem bei einem Kennzahlensystem wichtig?

Auch an ein Kennzahlensystem sollten Sie bestimmte Anforderungen stellen. Dabei kommt es, wie bei jeder einzelnen Kennzahl auch, vor allem darauf an, die Ziele des Unternehmens im Auge zu behalten. Kriterien wie Übersichtlichkeit, Transparenz und Benutzerfreundlichkeit haben selbstverständlich ebenfalls Gültigkeit für ein System.

Folgende Checkliste kann Ihnen helfen die Dinge im Blick zu behalten, die für Ihr Kennzahlensystem wichtig sind.

Checkliste: Anforderungen an ein Kennzahlensystem

- Alle Kennzahlen müssen mit den wichtigen Werten und kritischen Erfolgsfaktoren, mit Nah- oder Fernzielen des Unternehmens verbunden sein.

- Sie sollten Ausdruck von Prioritäten sein.

- Weniger ist mehr.

- Das System muss sowohl die Vergangenheit, die Gegenwart als auch die Zukunft berücksichtigen.

- Es muss langfristige und kurzfristige Kennzahlen berücksichtigen.

- Es sollte nicht nur Aussagen über Erfolg, betriebliche Prozesse oder die finanzielle Lage beinhalten, sondern auch die Bedürfnisse der Kunden, Mitarbeiter und Gesellschafter einbeziehen.

- Das System muss durchgängig sein: Die Kennzahlen sollten zuerst für die oberste Organisationsebene definiert werden und dann in untergeordnete Ebenen einfließen.

- Nur ein flexibles Kennzahlensystem ermöglicht Anpassungen - wenn sich also Ziele, Strategien oder Rahmenbedingungen verändern, sollten Sie auch die Kennzahlen ändern.

- Sind zu viele Zahlen vorhanden, empfiehlt es sich, mehrere Kennzahlen zu Indexzahlen zu verdichten.

- Alle Kennzahlen sollten quantitativ erfassbar sein.

Die Kennzahlen in einem Team zusammenstellen

Wenn Sie nun in Ihrem Unternehmen aussagekräftige Kennzahlen festlegen oder auch ein altes System überarbeiten wollen, empfiehlt es sich, ein Team mit dieser Aufgabe zu betrauen. Es soll ermitteln, welche Kennzahlen geeignet und wichtig sind und welches Kennzahlensystem in Zukunft am besten verwendet wird, und die dafür notwendigen Schritte und Maßnahmen festlegen. Das Team besteht idealerweise aus fünf bis acht Führungskräften, die aus verschiedenen Verantwortungsbereichen kommen.

Wie das Team vorgehen kann

An folgenden Fragen kann sich das Team orientieren:

1 Warum sind Kennzahlen wichtig und notwendig?

2 Auf welche Kennzahlen kommt es an? Wie können die bedeutenden Ziele und Meilensteine des Unternehmens mit Kennzahlen erfasst werden?

3 Welche Kennzahlen sind zur Kontrolle erforderlich?

4 Welche Kennzahlen werden zur Steuerung benötigt?

5 Wo kommen die Daten her?

6 Wie sind die Kennzahlen im Einzelnen zu berechnen?

7 Wie müssen die Kennzahlen interpretiert werden?

8 Sind alle wichtigen Kennzahlen festgelegt und genau definiert?

9 Welche Verantwortungsbereiche benötigen welche Kennzahlen und wie häufig?

10 Können die einzelnen Kennzahlen mithilfe der EDV ermittelt werden?

Die Mitarbeiter einbeziehen

Das Projekt „Kennzahlen" im Unternehmen können Sie nach dem obigen Schema schrittweise abwickeln. Wenn die einzelnen Punkte festgelegt sind, kann das Projektteam die Fragen systematisch diskutieren und abarbeiten. Da es besonders auf die Anwendung der betriebswirtschaftlichen Kennzahlen in der Praxis ankommt, sollten Anregungen, Erfahrungen und kritische Bemerkungen der einzelnen Mitarbeiter im Team gewürdigt und berücksichtigt werden.

Damit die Ergebnisse des Projekts auch von den Mitarbeitern des Unternehmens akzeptiert werden, sollten sich die Teammitglieder während des Projektverlaufs mit den Betroffenen in den einzelnen Verantwortungsbereichen über den Sinn und Zweck der Kennzahlen unterhalten. Damit werden alle Mitarbeiter zu Beteiligten gemacht und die Akzeptanz, in Zukunft mit den ausgewählten Kennzahlen zu arbeiten, wird deutlich höher sein, als wenn das System hinter verschlossenen Türen ausgetüftelt wird.

■ *Idealerweise sollten die ausgewählten Kennzahlen anschließend in einem Management-Informationssystem zusammengefasst werden.* ■

Kennzahlen in der Balanced Scorecard

Einen neueren Weg sein Unternehmen auf Kurs zu bringen, bietet das Konzept der „Balanced Scorecard". Der Name des aus den USA stammenden Konzepts – „ausgewogenen Berichtsbogen" – ist Programm: In einem umfassenden strategischen System sollen nicht mehr die Ertrags- und Finanzlage allein, sondern auch andere erfolgskritische Bereiche des Unternehmens Berücksichtigung finden. Insgesamt werden folgende vier Perspektiven einbezogen:

- Finanzen

- Kunden

- Prozesse

- Mitarbeiter/Innovationen/Wissen.

Wichtig in einer Balanced Scorecard ist die Unternehmensvision bzw. das Leitbild einer Organisation, von welchem strategische und konkrete Leistungsziele (operative Ziele) abgeleitet werden. Die Messgrößen dafür können Kennzahlen aus allen oben genannten Bereichen sein, wobei es bei der Auswahl immer auf die jeweilige Situation und die Kernprobleme der Organisation ankommt. Die Finanzperspektive zeigt auf, wie das Unternehmen von den Kapitalgebern gesehen wird. Die anderen drei Perspektiven sind der finanziellen untergeordnet: Dabei geht es einmal um kundenorientierte Leistungsindikatoren (z. B. Qualität, Service), zum zweiten um Geschäftsprozesse bzw. Ursachen für Schwächen (Leistungsoutput etc.) und schließlich um die Zukunft des Unternehmens: kompetente Mitarbeiter und eine ständige Erweiterung des Wissens sind kritische Erfolgsfaktoren für jedes innovative Unternehmen. Im Folgenden eine Auswahl von Erfolgsfaktoren aus den vier Bereichen mit den dazugehörigen Messgrößen.

Finanzperspektive

Ziele	Messgrößen
Steigerung der Rentabilität	Umsatz-Rentabilität
Sicherung der Finanzkraft	Cashflow
Erhöhung der Produktivität	Betriebsergebnis pro Mitarbeiter
Erhöhung der Kapitalverzinsung	Return on Investment (ROI)

Kundenperspektive

Ziele	Messgrößen
Kundenzufriedenheit	ermittelt per Kundenbefragung
Termintreue (gegenüber Kunden)	Lieferpünktlichkeit
Erhöhte Marktdurchdringung	Marktanteile
Qualitätssteigerung	Reklamationsrate

Prozessperspektive

Ziele	Messgrößen
Flexibilität der Produktion	Durchlaufzeiten
Verbesserung der Effizienz	Maschinenauslastung
Senkung des Lagerbestands	Lagerumschlag
Einhaltung der Termine	Termintreue

Mitarbeiter-/Wissensperspektive

Ziele	Messgrößen
Erhöhung der Kompetenz	Weiterbildungskosten
Verbesserung der Ausbildung	Teilnahme an Schulungen
Schaffung neuer Produkte	Umsatzanteil neuer Produkte
Geringe Mitarbeiterabwanderung	Fluktuationsrate

Kennzahlen für das Controlling

Wie Kennzahlen in der Planung eingesetzt werden

Jedes Unternehmen setzt sich kurzfristige und längerfristige Ziele. So entwirft die Unternehmensleitung in der Regel in enger Abstimmung mit dem oberen Management Pläne, deren Vorgaben dann an die Führungskräfte der einzelnen Bereiche delegiert werden.

Die Verantwortlichen müssen die Pläne im Rahmen ihres Handlungsspielraums umsetzen. Zur Erfüllung ihrer Aufgaben brauchen sie jedoch Orientierungshilfen. Dazu sind Kennzahlen geeignet. Bestimmte Ziele oder Vorgaben in den Plänen lassen sich mit ihnen ganz konkret formulieren. So kann also die Unternehmensleitung die Zielvorgaben für das kommende Geschäftsjahr und die nächsten fünf Jahre mithilfe bestimmter Kennzahlen an seine Mitarbeiter weitergeben. Die verantwortlichen Führungskräfte müssen dann die betroffenen Mitarbeiter in ihrer Abteilung über die Vorgaben informieren.

Für alle Kennzahlen, die in die Planung für das kommende Geschäftsjahr aufgenommen werden, sollten Sie vorher Vergleichswerte aus der Vergangenheit ermitteln; es empfiehlt sich, für die vergangenen drei Geschäftsjahre die entsprechenden Kennzahlen zu errechnen. Steht die Planung, müssen dann natürlich auch alle Beteiligten entsprechend informiert werden.

Zu den wichtigsten Zielgrößen der Planung gehören die Kennzahlen zur Rentabilität, Liquidität, zur Wirtschaftlichkeit und zum Cashflow (ab Seite 45).

Wichtige Planungs- oder Zielgrößen

Planungs- oder Zielgrößen	Erforderliche Daten	Grundlagen
Rentabilität	Umsatzerlöse, Aufwendungen	Bilanz, Gewinn- und Verlustrechnung
Liquidität	Einzahlungen, Auszahlungen	Liquiditätsplanung
Wirtschaftlichkeit	Leistungen, Kosten	Kosten- und Leistungsrechnung
Cashflow	Einnahmen, Ausgaben	Finanzplanung

Wie Sie Kennzahlen für die Kontrolle einsetzen

Kennzahlen ermöglichen eine effektive Kontrolle, wenn die vorgegebenen Planwerte während des Geschäftsjahres laufend mit den effektiven Werten verglichen werden. Dazu können Sie zum Beispiel monatlich Soll-Ist-Vergleiche durchführen. Auf diese Weise lassen sich die Aktivitäten in den einzelnen Verantwortungsbereichen während des Jahres überprüfen und eventuelle Schwachstellen und unerwünschte Entwicklungen frühzeitig aufdecken. Die Befunde müssen dann auf ihre Ursachen hin untersucht werden, damit entsprechende Gegenmaßnahmen ergriffen werden können. Außerdem helfen die Erfahrungen, die bei der Kontrolle gemacht werden, die Planung für die kommenden Geschäftsjahre zu verbessern.

Für die Kontrolle eignen sich insbesondere folgende Größen, die in Form von Kennzahlen errechnet werden sollten:

Kontrollgrößen

- Produktivität

- Durchlaufzeiten

- Sicherheit

- Nacharbeit

Kennzahlen für die Steuerung

Für eine effiziente Steuerung der Unternehmen bietet sich vor allem die Arbeit mit Schlüsselkennzahlen an. Die Auswahl muss ganz bewusst vorgenommen werden, um sich auf die wesentlichen Vorgänge im Unternehmen zu konzentrieren. Auch ein Kennzahlensystem, aus dem die Schlüsselkennzahlen und untergeordnete Richtwerte hervorgehen, ist ein geeignetes Instrument. Denn es verschafft einen Überblick über die Hierarchie der Vorgaben für das kommende Geschäftsjahr oder auch für die weitere Zukunft.

Sobald die Unternehmensleitung und die Führungskräfte erkennen, dass sich Abweichungen in den einzelnen Verantwortungsbereichen ergeben, müssen sie steuernd eingreifen, damit die einmal beschlossenen Ziele doch noch erreicht werden können. Sollten Unterziele nicht verwirklicht werden, dann müssen die Führungskräfte der nächst höheren Stufe im Unternehmen die Initiative ergreifen, um die entstandenen Probleme zu lösen. Je schneller Kurskorrekturen beschlossen und durchgeführt werden, um so größere Chancen bestehen, das Ziel doch noch zu erreichen.

Informieren Sie die betroffenen Mitarbeiter, die mit den Kennzahlen arbeiten, über die Maßnahmen und Auswirkungen. Ihnen muss auch der Zusammenhang der einzelnen Aufgaben im Unternehmen deutlich sein. Sobald Koordinationsprobleme auftauchen, müssen die Führungskräfte einschreiten.

Steuerungskennzahlen

Die wichtigsten Steuerungskennzahlen sind:

- Return on Investment (ROI)
- Kundenzufriedenheit
- Umsatz pro Mitarbeiter
- Qualität der Produkte
- Ablauf der Prozesse
- Zuverlässigkeit der Lieferanten

■ *Kennzahlen sind ein nützliches Instrument für das Controlling, da sie die Entwicklungen im Unternehmen transparenter machen. Sie sind besonders dafür geeignet, einzelne Entscheidungen vorzubereiten und die Auswirkungen der Entscheidungen zu überprüfen. Sie helfen, den Informationsaustausch zwischen einzelnen Führungskräften und Unternehmensleitung zu verbessern und effizienter zu gestalten. Ein sorgfältig ausgearbeitetes Kennzahlensystem erlaubt in Zukunft eine bessere Planung, genauere Kontrolle und effizientere Steuerung.* ■

Vergleichsrechnungen für Bilanzanalyse und Bilanzkritik

Bevor wir uns einzelnen Kennzahlen zuwenden, sollen verschiedene Möglichkeiten vorgestellt werden, wie Sie mit den Kennzahlen arbeiten können.

Die so genannten „Vergleichsrechnungen" zählen zu den wichtigsten Instrumenten der Bilanzanalyse und der Bilanzkritik. Dabei werden die Ist-Daten des analysierten Unternehmens bestimmten Vergleichsdaten gegenüber gestellt. Aus den Übereinstimmungen oder Abweichungen lassen sich dann Erkenntnisse über das untersuchte Unternehmen gewinnen. Wenn Vergleichsrechnungen angestellt werden, ist immer sicherzustellen, dass das vorliegende Zahlenmaterial auch eine objektive Vergleichbarkeit möglich macht.

Achten Sie darauf, dass

- die Zeiträume (Perioden) gleich sind und

- vergleichbare betriebliche Sachverhalte gegeben sind,

- die möglichst nach gleichen oder vergleichbaren Kriterien bewertet werden.

> ■ *Bei allen Vergleichsrechnungen ist sicherzustellen, dass das vorliegende Zahlenmaterial auch eine objektive Vergleichbarkeit möglich macht.*   ■

Mit Zeitvergleichen Entwicklungen untersuchen

Die Rechnungslegung in den Unternehmen erfolgt jeweils am Ende jedes Geschäftsjahres durch die gesetzlich vorgeschriebenen Jahresabschlüsse. Der Gesetzgeber legt dabei besonderen Wert auf die Vergleichbarkeit des Zahlenmaterials. Die Unternehmen haben insbesondere die Grundsätze der **Bilanzklarheit** und der **Bilanzkontinuität** (Vergleichbarkeit und Stetigkeit der Daten) zu beachten. Dadurch ist allerdings auch gewährleistet, dass die Ergebnisse einzelner Jahre, die durch Bilanzanalyse und Bilanzkritik errechnet werden, problemlos miteinander verglichen werden können. Wenn Sie sich ein fundiertes Urteil über ein Unternehmen bilden wollen, sollten Sie

- die Jahresabschlüsse von mindestens drei aufeinanderfolgenden Jahren miteinander vergleichen,

- die Preissteigerungen berücksichtigen.

Durch die Preissteigerungen während der einzelnen Jahre verändern sich die Werte bestimmter Anlagegüter oder der Warenbestände. Wenn Sie dies nicht berücksichtigen, stimmt die Vergleichsbasis nicht. Diese Preissteigerungen müssen Sie also pro Jahr herausrechnen; erst mit preisbereinigten Zahlen können Sie dann die vergleichende Bilanzanalyse und Bilanzkritik durchführen.

Vergleiche zur Konkurrenz und zur Branche anstellen

Zwei weitere Möglichkeiten, ein Unternehmen zu bewerten, sind der Betriebsvergleich und der Branchenvergleich.

Beim **Betriebsvergleich** stellt man die Zahlen des Jahresabschlusses eines vergleichbaren Unternehmens den Daten des eigenen bzw. analysierten Unternehmens gegenüber. Sehr sinnvoll ist es, wenn die Zahlen des Hauptkonkurrenten zum Betriebsvergleich herangezogen werden.

> ■ *Nach der Analyse und dem Vergleich der eigenen Daten mit den Zahlen der Konkurrenz können Sie schnell Stärken und Schwächen des eigenen Unternehmens erkennen.* ■

Wo Sie Kennzahlen für einen Branchenvergleich erhalten

Da Jahresabschlüsse der Konkurrenzunternehmen allerdings nicht immer verfügbar sind, können Sie auch auf einen Branchenvergleich ausweichen. Die entsprechenden Daten der einzelnen Branchen erhalten Sie von verschiedenen Stellen.

Branchenkennzahlen gibt es bei

- Großbanken
- Sparkassen und Volksbanken
- der Deutschen Bundesbank
- dem Statistischen Bundesamt
- Wirtschaftsverbänden.

Wenn Sie Branchenkennzahlen brauchen, sprechen Sie zuerst Ihren Verband an. Viele Verbände unterhalten betriebswirtschaftliche Abteilungen, die regelmäßig Kennzahlen errechnen. Es ist aber auch sinnvoll, wenn Sie sich die Unterlagen von Ihrer Hausbank besorgen. Die Banken können Branchenkennzahlen errechnen, weil sie bei der Vergabe von Krediten die Jahresabschlüsse ihrer Kunden analysieren, um zu prüfen, ob sie kreditwürdig sind. Sie können sich auch eine Kopie von den Analysen Ihres Unternehmens mitgeben lassen. Die meisten Banken senden ihren Kunden auch Fotokopien dieser Bilanzanalysen zu, in denen die Branchenkennzahlen bereits eingetragen sind.

■ *Branchenkennzahlen stellen Durchschnittswerte dar, die keinen absoluten Vergleich ermöglichen. Dennoch erhalten Sie mit ihnen wertvolle Hinweise, wie Ihr Unternehmen im Vergleich zur Gesamtbranche dasteht.* ■

Mit Soll-Ist-Vergleichen die Planvorgaben überwachen

Jedes Unternehmen sollte eine Unternehmensplanung aufbauen, um seine Existenz langfristig zu sichern. Dabei werden Zielvorgaben ermittelt und in Plänen für das kommende Jahr (operative Planung) und für die kommenden fünf Jahre (strategische Planung) berücksichtigt. Es empfiehlt sich, die Ergebnisse der Unternehmensplanung in einer Plan-Bilanz sowie einer Plan-GuV zusammenzufassen.

Wenn geplante Jahresabschlüsse bereits vorliegen, können die Sollgrößen, die den Zielvorstellungen der Unternehmensleitung und der Führungskräfte entsprechen, mit den effektiven Daten der Jahresabschlüsse verglichen werden. Dann ergeben sich Abweichungen, die erkennen lassen, inwieweit die Zielsetzungen in den einzelnen Jahren erreicht wurden oder nicht. Mithilfe der Abweichungsanalyse lassen sich die wesentlichen Ursachen für die Abweichungen ermitteln. Dann kann eine systematische Gegensteuerung erfolgen, damit in Zukunft die vereinbarten Ziele besser, schneller und genauer erreicht werden können.

■ *Soll-Ist-Vergleiche sind sinnvoll, wenn bereits eine Planung im Unternehmen besteht.*   ■

Benchmarking

Benchmarking kann man kurz umreißen als das „Lernen von den Besten". Dabei orientiert man sich systematisch an weltweit führenden Unternehmen, die exzellent geführt werden und Spitzenleistungen erzielen. Es wird versucht die Innovationen der Besten möglichst konsequent im eigenen Unternehmen einzusetzen, soweit dies die eigenen Bedingungen zulassen. Ziel ist, die Leistungsfähigkeit des eigenen Unternehmens zu steigern und die Kosten zu senken.

Im Einzelnen geht es darum, fortlaufend Erfolgsfaktoren zu messen und zu vergleichen. Maßstab sind die Ergebnisse, die von den Spitzenunternehmen erzielt werden. In einem kontinuierlichen Prozess werden insbesondere Effizienz, Effektivität, Qualität, Produktivität, Strukturen, Prozesse und Produkte sowie Dienstleistungen gemessen.

Das Lernen von exzellenten Unternehmen wird dabei keinesfalls dem Zufall überlassen, sondern soll fester Bestandteil der Unternehmenskultur werden. Es soll eine „lernende Organisation" entstehen, die eine permanente Weiterentwicklung möglich macht. Mithilfe von Benchmarking kann der Wille zu schnellen Veränderungen bei den Mitarbeitern im eigenen Unternehmen gestärkt werden. Denn ständige Vergleiche mit anderen, sehr gut geführten Unternehmen lassen neue Ideen entstehen, wie man sich verbessern und seine Wettbewerbsfähigkeit steigern kann.

Für eine ergebnisorientierte Durchführung des Benchmarking ist allerdings eine detaillierte Kenntnis der wesentlichen Punkte erforderlich, die die Besten in die Lage versetzen, Spitzenleistungen zu erbringen. Und die Vorgehensweise, diese Ideen im eigenen Unternehmen umzusetzen, muss natürlich auch erfolgversprechend sein. Wenn Sie Genaueres über dieses Konzept erfahren möchten, hilft Ihnen der TaschenGuide *Benchmarking* weiter.

> ■ *Benchmarking ist ein umfassendes Führungskonzept, das sich an den Besten orientiert und eine lernende Organisation zum Ziel hat. Dabei wird versucht die Erfahrungen der Spitzenunternehmen gezielt zu nutzen, um eigene Probleme systematisch lösen zu können.* ■

Wo auch weiche Daten zählen

Bei den wichtigsten Einsatzgebieten von Kennzahlen wie der Finanz- und Erfolgsanalyse (ab Seite 45) geht es ausschließlich um „harte" Daten, also um die Verwertung von Zahlen aus der Betriebsstatistik, aus der Bilanz oder der GuV.

Bestimmte Ziele können Sie aber nicht mit harten Daten allein erfassen. Natürlich können Sie versuchen z. B. die Motivation Ihrer Mitarbeiter mit einer Kennzahl über Fehlzeiten zu "messen", aber einen wirklichen Ansatzpunkt, um die Motivation zu verbessern, haben Sie damit nicht gewonnen. Oder welche Messgrößen wollen Sie festlegen, wenn Ihr Ziel "Verbesserung der Serviceleistungen für den Kunden" lautet? Sicher kann auch hier die Anzahl der Reklamationen ein Indiz sein, aber sie trifft das Problem nicht ganz. Das bedeutet: Mit ausschließlich harten Kennzahlen lassen sich bestimmte Entwicklungen im Unternehmen nicht darstellen oder analysieren.

Für solche Fälle müssen Sie die so genannten "weichen Kennzahlen" einbeziehen. Weiche Daten geben zum Beispiel Auskunft über Gefühle oder individuelle Bewertungen. Sie werden v. a. benötigt, wenn die Zufriedenheit der Kunden oder der Mitarbeiter im Mittelpunkt steht. Sie können das Verhalten der Kunden oder Mitarbeiter transparenter machen oder aufzeigen, wie effizient die Unternehmensführung ist.

Wie Sie die Kundenzufriedenheit messen

Wenn ein Kunde zur Konkurrenz abgewandert ist, weil er mit den Leistungen des Unternehmens nicht mehr zufrieden war, ist es eigentlich schon zu spät. Daher sollten Sie regelmäßig prüfen, wie zufrieden Ihre Kunden sind, und wo die Gründe über eine mögliche Unzufriedenheit liegen. Dafür sind weiche Kennzahlen erforderlich.

Um die entsprechenden Informationen über Ihre Kunden zu erhalten, sollten Sie sich ein System überlegen, das möglichst umfassend die Bedürfnisse der Kunden, ihr Kaufverhalten und ihre Meinung erfasst. Einige harte Kennzahlen dazu können Sie im Unternehmen ermitteln.

Harte Kennzahlen über den Kundenbereich sind z. B.:

- die Anzahl der neuen Kunden in einem festgelegten Zeitraum,

- der Marktanteil im Vergleich zur Konkurrenz,

- Wiederholungskäufe.

Weiche Daten gewinnen durch Umfragen

Die Informationen, die jedoch tatsächlich etwas über Ihre Kunden aussagen, müssen Sie von ihnen selber in Erfahrung bringen. Dazu führen Sie mit ihnen am besten eine Umfrage durch, die dann natürlich vor allem auf die weichen Daten abzielt. Wichtig ist, dass die Informationen, die Sie dabei gewinnen, auch in irgendeiner Weise messbar sind, damit sie dann im Unternehmen genau erfasst und ausgewertet werden können.

> ■ *Mithilfe von Umfragen wird versucht das Kundenverhalten in der Zukunft vorauszusagen und Probleme aufzudecken. Solche Umfragen können Sie schriftlich, aber auch mündlich am Telefon durchführen.* ■

Ihre Kunden können Sie in der Umfrage zum Beispiel bitten anzugeben, wie zufrieden sie mit dem Unternehmen, mit den Produkten, den Serviceleistungen sowie den Abteilungen und den Mitarbeitern sind (siehe Beispiel). Verwenden Sie dann für die Bewertung der einzelnen Fragen am besten eine Skala, die von 1 (hervorragend) bis 5 (ungenügend) geht; die

Kunden können also die einzelnen Punkte benoten. Außerdem können Sie offene Fragen stellen, um ganz spezielle Informationen einzuholen. Die quantitative Auswertung solcher offenen Fragen ist allerdings schwierig.

Beispiel

Kundenumfrage	1	2	3	4	5
1. Wie zufrieden sind Sie mit dem Unternehmen insgesamt?					
2. Wie bewerten Sie die Qualität unserer Produkte insgesamt?					
3. Wie würden Sie unseren Service bewerten? (Lieferung, Reparaturen, Rückfragen)					
4. Wie gut fühlen Sie sich in unseren Kundenabteilungen beraten?					
5. Wie beurteilen Sie die Breite des Angebots?					
6. Welche Produkte/Leistungen fehlen Ihrer Meinung nach in unserem Angebot?	_____ _____				
7. Welche drei Produkte/Leistungen aus unserem Angebot sind für Sie besonders wichtig?	_____ _____				
8. Was können wir tun, um Ihre Zufriedenheit zu verbessern?	_____ _____				

1 = hervorragend, 2 = gut, 3 = befriedigend, 4 = ausreichend, 5 = ungenügend

■ *Die Ermittlung weicher Kennzahlen bietet die Möglichkeit, Probleme und Schwachstellen im Kundenbereich aufzuspüren. Um zu vermeiden, dass Kunden verloren gehen, sollten Kundenumfragen regelmäßig durchgeführt werden. Nur so können Entwicklungen beobachtet und korrigiert werden.* ■

Mit Kennzahlen die Mitarbeiterzufriedenheit ermitteln

Die Zufriedenheit Ihrer Mitarbeiter messen Sie am besten auch mit einer Kombination von harten und weichen Kennzahlen.

Die Anzahl der Kündigungen ist eine aussagefähige harte Kennzahl. Doch sollte jedes Unternehmen versuchen auch die Gründe herauszufinden, die hinter einer Kündigung stecken. Dazu kann es eine Anzahl von weichen Kennzahlen entwickeln, die in einem solchen Fall zu ermitteln sind. Entlassungsgespräche etwa eignen sich gut dazu, die nötigen Informationen zu erhalten. Allerdings wird nur ein geschickter Interviewer auch die wirklichen Hintergründe erfahren. Die Erkenntnisse können dann natürlich nur ausgewertet werden, wenn ein standardisiertes Verfahren entwickelt wurde, mit dem Sie die Informationen systematisch erfassen können.

Die Anzahl der Versetzungsgesuche ist eine weitere stichhaltige Kennzahl, die zu den harten Messgrößen gehört. Wenn sich viele Mitarbeiter in eine bestimmte Abteilung versetzen lassen wollen, dann ist das meist ein verlässlicher Indikator für ein gutes Arbeitsklima dort. Zu den harten Kennzahlen gehören noch neben der Fluktuation und den Versetzungsgesuchen die krankheitsbedingten Fehlzeiten, die ebenfalls genau untersucht werden müssen.

Auch weiche Kennzahlen ermitteln

Weiche Kennzahlen zur Zufriedenheit und Motivation lassen sich ermitteln, wenn Ihre Mitarbeiter in einer Umfrage nach ihren Gefühlen und ihrer Meinung befragt werden. Es müs-

sen Informationen zu Tage gefördert werden, die einen ge-
nauen Aufschluss über die Ursachen von Problemen ermöglichen. Führen Sie solche Umfragen auf jeden Fall immer ano-
nym durch, um auch wirklich ehrliche Antworten zu erhalten.

Beispiel

Mitarbeiterbefragung

Um weiche Daten über Ihre Mitarbeiter zu erhalten, können Sie ähnlich
wie bei der Kundenbefragung vorgehen. Bitten Sie Ihre Mitarbeiter, mithilfe einer Notengebung (von 1 bis 5) oder ausführlichen Antworten auf
offene Fragen ihre Arbeit zu beurteilen, etwa:

1. Wie bewerten Sie die Zusammenarbeit in Ihrer Abteilung?
2. Wie bewerten Sie den Arbeitsablauf?
3. Wie würden Sie die Effektivität Ihrer Arbeit beurteilen?
4. Wie würden Sie die Kommunikation mit Vorgesetzten/Kollegen bewerten?
5. Wie zufrieden sind Sie mit der Struktur des Unternehmens?
6. Welche Aufgaben würden Sie gerne abgeben?
7. Welche Aufgaben würden Sie lieber übernehmen?
8. Was sollte Ihrer Meinung nach verbessert werden?

Die weichen Kennzahlen zur Mitarbeiterzufriedenheit sollten
dazu dienen, Probleme frühzeitig zu erkennen. Meist geben
die Mitarbeiter in den Umfragen dann selbst Hinweise darauf, wie bestimmte Probleme gelöst werden können.

Mit Kennzahlen messen und bewerten

Kennzahlenbereiche im Überblick

In den folgenden Kapiteln werden die wichtigsten Kennzahlen vorgestellt, die verwendet werden, um den Jahreserfolg und die Finanzlage eines Unternehmens zu beurteilen. Sie stammen aus der Bilanz und der Gewinn- und Verlustrechnung (GuV) des Unternehmens, also aus dem Jahresabschluss, aber auch aus der Kosten- und Leistungsrechnung. Ferner sind das BDE-System (Betriebsdatenerfassungssystem) oder die Betriebsstatistik Quellen für Kennzahlen.

Für die Bilanzanalyse und Bilanzkritik ist es zweckmäßig, nach verschiedenen Problembereichen vorzugehen. Es empfiehlt sich, einzelne Kennzahlen speziell zusammenzustellen und aufzubereiten, um den Jahresüberschuss aus verschiedenen Perspektiven zu beleuchten. Die Ergebnisse dieser Teilanalysen fassen Sie dann anschließend zusammen, d. h. Sie wählen entsprechende Kennzahlen aus, um ein Gesamtbild des Unternehmens wiederzugeben.

Bei den entsprechenden Kennzahlengruppen geht es um die Bewertung von

- Vermögen und Kapital,
- Gewinn,

- Rentabilität,

- Cashflow,

- Wertschöpfung,

- Aktien.

Kennzahlen aus der Bilanz gewinnen

Was in der Bilanz steht

Die Bilanz gewährt eine Übersicht über Vermögen und Schulden, also die Investitionen und die Finanzierung eines Unternehmens. Aus ihr können Sie entsprechende Kennzahlen gewinnen. Diese Kennzahlen gehören zu den wichtigsten Daten, um ein Unternehmen beurteilen zu können.

Auf der Aktivseite der Bilanz stehen das Vermögen bzw. die Investitionen oder die Mittelverwendung. Der Passivseite sind das Kapital bzw. die Finanzierung oder die Mittelherkunft zu entnehmen. Für eine Vertiefung empfehlen wir, einen Blick in den TaschenGuide *Bilanzen lesen* zu werfen.

Für die Bilanzanalyse können Sie ein standardisiertes Formular verwenden, in dem die Spalte für das Geschäftsjahr so unterteilt ist, dass Sie neben den Daten der eigenen Firma auch die Branchendaten eintragen können. Die Zahlen sollten Sie möglichst alle in € und in Prozent angeben. Die einzelnen Positionen werden jeweils mit der Bilanzsumme in Beziehung gesetzt, die 100 % ausmacht. Folgende Grafik zeigt ein solches Bilanzformular.

Strukturbilanz mit Vergleichsmöglichkeit – Aktivseite

		Geschäftsjahr:		
		Firma		Branche	
Aktiva		€	%	€	%
A Anlagevermögen					
	1. Immaterielle Vermögensgegenstände				
	2. Sachanlagen				
	3. Finanzanlagen				
	Summe Anlagevermögen				
B Umlaufvermögen					
	1. Vorräte				
	1.1 Roh-, Hilfs- und Betriebsstoffe				
	1.2 Fertige und unfertige Erzeugnisse und Waren				
	2. Forderungen und sonstige Vermögensgegenstände				
	2.1 Forderungen aus Lieferungen und Leistungen				
	2.2 Sonstige Forderungen				
	3. Flüssige Mittel				
C Rechnungsabgrenzungsposten					
	Summe Umlaufvermögen				
Bilanzsumme			100		100

■ *Um Bilanzkennzahlen zur Finanzierung und zur Vermögensstruktur zu bilden, werden häufig einzelne Positionen der Bilanz zu Hauptpositionen zusammengefasst.* ■

Passivseite

		Geschäftsjahr:			
		Firma		Branche	
Passiva		€	%	€	%
A	**Eigenkapital**				
	1. Gezeichnetes Kapital				
	2. Kapitalrücklagen				
	3. Gewinnrücklagen				
	4. Bilanzgewinn/Bilanzverlust				
	Summe Eigenkapital				
B	**Rückstellungen**				
	1. Pensionsrückstellungen				
	2. Steuerrückstellungen				
	3. Sonstige Rückstellungen				
C	**Verbindlichkeiten**				
	1. Langfristige Verbindlichkeiten				
	2. Verbindlichkeiten aus Lieferungen und Leistungen				
	3. Sonstige Verbindlichkeiten				
D	**Rechnungsabgrenzungsposten**				
	Summe Umlaufvermögen				
	Bilanzsumme		100		100

Welche Beziehungen werden verdeutlicht?

Um die finanzielle Lage eines Unternehmens beurteilen zu können, müssen Sie Kennzahlen aus der Bilanz gewinnen, die z. B. etwas aussagen darüber, wie liquide das Unternehmen ist oder wie risikoreich sein Vermögen finanziert ist. Diese Beurteilung ist eine Teilaufgabe des Jahresabschlusses, der gesetzlich vorgeschrieben ist (§ 264 Abs. 2 HGB).

Dabei gibt es prinzipiell zwei Möglichkeiten der Betrachtung:

1 Statische Beurteilung

Die statische Beurteilung beruht auf der zeitpunktbezogenen Betrachtung der Bilanz. Sie erfolgt am Stichtag des Bilanzabschlusses. Es wird dabei untersucht, wie die Beziehungen zwischen den Vermögenswerten und den Kapitalpositionen sind (ab Seite 57).

2 Dynamische Betrachtung

Bei der dynamischen Betrachtung gehen Sie zeitraumbezogen vor. Dabei werden die Bewegungen der Vermögens- und Kapitalpositionen während eines Geschäftsjahres untersucht. Zur dynamischen Beurteilung der Unternehmen muss eine Kapitalflussrechnung (Bewegungsbilanz) erstellt werden, die aus zwei aufeinanderfolgenden Bilanzen entwickelt wird. Zu der dynamischen Beurteilung gehört auch die Analyse des Cashflow (ab Seite 66), für die Sie die Daten aus der GuV benötigen.

■ *Jede statische Beurteilung sollte durch die dynamische Betrachtung ergänzt werden.* ■

Beide Seiten für sich und Beziehungen untersuchen

Für die Beurteilung der Vermögens- und Kapitalstruktur werden beide Seiten der Bilanz untersucht. Einen direkten Einblick in die Finanzlage des Unternehmens gewinnen Sie aber erst, wenn die Zahlen der Bilanz entsprechend aufbereitet werden. Zwischen den Bestandteilen der beiden Bilanzseiten werden daher sinnvolle Beziehungen hergestellt und bestimmte Kennzahlen errechnet. Es geht insbesondere um folgende Beziehungen:

1 **Arten und Verwendung der Finanzierungsmittel:** Auf welche Weise werden einzelne Posten auf der Passivseite finanziert und wie werden im Vergleich dazu die Vermögensgegenstände auf der Aktivseite verwendet?

2 **Überlassungsdauer und Bindungsdauer:** Wie steht es mit der Überlassungsdauer der Finanzierungsmittel im Verhältnis zur Bindungsdauer der Investitionen?

3 **Risiko des Kapitaleinsatzes und Risikoübernahme:** Wie risikoreich ist das Kapital eingesetzt im Vergleich zur Bereitschaft der Kapitalgeber, dieses Risiko zu übernehmen?

Bei der Finanzanalyse werden also die Relationen zwischen der Vermögens- und Kapitalstruktur untersucht, um die Arten der Finanzierung, die zeitliche Übereinstimmung und die Risikoentsprechung genauer zu beurteilen. Dann gibt es noch die Möglichkeit, die kurzfristige Finanzkraft des Unternehmens zu untersuchen. Dies geschieht mithilfe der Liquiditätsanalyse. Die langfristigen Beziehungen werden bei der Analyse der Deckungsrelationen berücksichtigt.

> ■ *Die Finanzierung ist ein dynamischer Prozess, der durch laufende Einnahmen und Ausgaben beeinflusst wird. Die Aufgabe besteht darin, zwischen den gegenläufigen Zahlungsströmen ein Gleichgewicht herzustellen und die Zahlungsfähigkeit der Unternehmen sicherzustellen.* ■

Kennzahlen zur Vermögenslage

Vermögensverteilung: Auf Bindungsdauer und Risiko kommt es an

Bei der so genannten „vertikalen Vermögensanalyse" wird die Aktivseite der Bilanz untersucht, um genauere Aussagen darüber treffen zu können, wie das Vermögen im Unternehmen verteilt ist. Die Vermögensseite lässt sich in Positionen aufteilen, die vor dem Produktions- und Umsatzprozess vorhanden sein müssen; dazu gehören das Anlagevermögen und die Vorräte. Nach dem Produktions- und Umsatzprozess ergeben sich die Positionen „Forderungen" und „flüssige Mittel". Für die aus dieser Analyse gewonnenen Kennzahlen gibt es keine Richtwerte - es kommt immer auf die einzelne Branche an. Daher sollten Sie Ihre Zahlen immer mit den Branchenzahlen vergleichen.

Diese einzelnen Vermögenspositionen sind unterschiedlich lang gebunden. Während das Anlagevermögen langfristig gebunden ist, können Vorräte und Forderungen kurzfristiger in flüssige Mittel umgewandelt werden. Die flüssigen Mittel sind frei verfügbar. Diese Bindungsdauer und das Risiko, das jeweils damit verknüpft ist, verdeutlicht die Grafik auf Seite 52.

Die Risiken der einzelnen Posten der Vermögensseite spielen eine nicht unwesentliche Rolle in der Bilanzanalyse. Das Risiko beim Anlagevermögen ist hoch, wird bei den Vorräten und Forderungen immer geringer. Sobald die Forderungen in flüssige Mittel umgewandelt sind, ist kein Risiko mehr vorhanden. Bei der Vermögensstruktur kommt es auf die Art der Vermögensgegenstände an und auf deren Anteil am Gesamtvermögen.

Struktur der Vermögensseite

Bindungs-dauer	Vor dem Produktions- und Umsatzprozess		Nach dem Produktions- und Umsatzprozess		Risiko
	Anlage-bereich	Vorrats-bereich	Finanzbereich		
Langfristig ↓	Anlage-vermögen				Hoch ↓
Kurzfristig ↓		Vorräte			Gering ↓
			Forde-rungen		
Frei verfügbar				Flüssige Mittel	Nicht vorhan-den

■ *Die Anpassungsfähigkeit (Elastizität) des Unternehmens wird stark von der Zusammensetzung des Vermögens beeinflusst. Daraus können sich besondere Risiken für das Unternehmen ergeben.* ■

Die Kennzahlen zur Vermögensstruktur

Folgende Kennzahlen aus der Bilanz geben Ihnen Aufschluss, wie das Vermögen verteilt ist und welche Risiken damit verbunden sind.

Anlagenintensität

$$\text{Anlagenintensität des Anlagevermögens} = \frac{\text{Anlagevermögen}}{\text{Gesamtvermögen}} \times 100$$

$$\text{Anlagenintensität des Anlage-vermögens und der Vorräte} = \frac{\text{Anlagevermögen + Vorräte}}{\text{Gesamtvermögen}} \times 100$$

Das gesamte Anlagevermögen setzt sich aus immateriellen Vermögensgegenständen, Sachanlagen und Finanzanlagen zusammen. Aus den beiden Kennzahlen zur Anlagenintensität können Sie also den Anteil der wesentlichen Vermögensposten am Gesamtvermögen (Bilanzsumme) erkennen. Sie geben Aufschluss darüber, wie wirtschaftlich der Einsatz der Anlagegüter ist. Eine hohe Anlagenintensität verlangt i. d. R. einen hohen Anteil von Eigenkapital bzw. langfristigem Fremdkapital am Gesamtkapital.

Die Intensitätskennzahlen lassen Rückschlüsse zu über die Anpassungsfähigkeit des Unternehmens in der Expansion und in der Rezession. Das damit verbundene Vermögensrisiko kann damit besser beurteilt werden: Mit zunehmender Anlagenintensität wächst das Unternehmensrisiko, da die Flexibilität des Unternehmens abnimmt.

Arbeitsintensität (Umlaufintensität)

$$\text{Arbeitsintensität} = \frac{\text{Umlaufvermögen}}{\text{Gesamtvermögen}} \times 100$$

Die Wirtschaftlichkeit eines Unternehmens ist um so größer, je höher die Arbeits- oder auch Umlaufintensität ist. Denn ist der Anteil des Umlaufvermögens am Gesamtvermögen hoch, ist der Anteil des Anlagevermögens, das fixe Kosten verursacht, geringer. Das bedeutet, desto intensiver wird die vorhandene Kapazität genutzt und die fixen Kosten pro Stück müssten gleichzeitig sinken. Dadurch verbessert sich die Ertragslage des Unternehmens. Eine intensive Nutzung der Kapazität führt auch zu höheren Umsatzerlösen.

Vorratsintensität

Kennzahlen zur Vorratsintensität geben Auskunft über den Anteil der Vorratsbestände am Gesamtvermögen. Die Vorräte sollten Sie in zwei Gruppen untergliedern, um spezielle Probleme im Vorratsbereich erkennen zu können: Roh-, Hilfs- und Betriebsstoffe sind am besten separat zu analysieren. Spezielle Schwachstellen können aber auch bei den fertigen und unfertigen Erzeugnissen sowie Waren auftreten.

$$\text{Vorratsquote für Roh-, Hilfs- u. Betriebsstoffe} = \frac{\text{Roh-, Hilfs- u. Betriebsstoffe}}{\text{Gesamtvermögen}} \times 100$$

$$\text{Vorratsquote der Halb- und Fertigfabrikate} = \frac{\text{Halb- und Fertigfabrikate}}{\text{Gesamtvermögen}} \times 100$$

Diese Kennzahlen zur Vorratsintensität geben Aufschluss über die Kapitalbindung in den Vorräten an Roh-, Hilfs- und Betriebsstoffen sowie an Halb- und Fertigfabrikaten. Im Zeitvergleich können Sie Veränderungen erkennen. Dabei haben die Kennzahlen den Vorteil, dass sie nicht den absoluten, sondern den relativen Anstieg von Beständen im Lager berücksichtigt. Die Erhöhung der Vorratsquote für Halb- und Fertigfabrikate kann auf Absatzprobleme hindeuten, sofern keine bewusste Veränderung der Vorratspolitik vorliegt.

Umschlagshäufigkeit der Vorräte

$$\text{Umschlagshäufigkeit der Roh-, Hilfs- u. Betriebsstoffe} = \frac{\text{Aufwendungen an Roh-, Hilfs- und Betriebsstoffen}}{\text{Durchschnittlicher Lagerbestand an Roh-, Hilfs- u. Betriebsstoffen}} \times 100$$

Diese Kennzahl zeigt die Beziehung zwischen den Aufwendungen an Roh-, Hilfs- und Betriebsstoffen, also dem Materialverbrauch, und dem durchschnittlichen Lagerbestand an Roh-, Hilfs- und Betriebsstoffen an. Eine abnehmende Umschlagszahl muss als ungünstig beurteilt werden, da die Lagerhaltung und damit die Kapitalbindung zugenommen hat.

Für den externen Analytiker sind die Herstellungskosten des Umsatzes aus der GuV nur zu entnehmen, wenn das Umsatzkostenverfahren angewendet wird:

$$\text{Umschlagshäufigkeit der Halb- und Fertigfabrikate} = \frac{\text{Herstellungskosten d. Umsatzes}}{\text{Durchschnittliches Lager an Halb- und Fertigfabrikaten}} \times 100$$

Lagerdauer

$$\text{Lagerdauer für Roh-, Hilfs- u. Betriebsstoffe} = \frac{360}{\text{Umschlagshäufigkeit der Roh-, Hilfs- und Betriebsstoffe}}$$

$$\text{Lagerdauer für Halb- und Fertigfabrikate} = \frac{360}{\text{Umschlagshäufigkeit der Halb- und Fertigfabrikate}}$$

Die Lagerdauer gibt an, wie lange die Vorräte und das zu ihrer Finanzierung erforderliche Kapital im Durchschnitt gebunden sind. Eine niedrige Lagerdauer deutet darauf hin, dass die Vorräte relativ schnell wieder in liquide Form umgewandelt werden. Die Verbesserung der Lagerdauer führt zu einer niedrigeren Kapitalbindung und zu einer Steigerung der Wirtschaftlichkeit.

Umschlagshäufigkeit der Forderungen aus Lieferungen und Leistungen (Debitorenumschlag)

$$\text{Umschlagshäufigkeit der Forderungen aus Lieferungen und Leistungen} = \frac{\text{Umsatzerlöse + Mehrwertsteuer}}{\text{Durchschnittlicher Debitorenbestand}}$$

Wenn diese Kennzahl, auch Debitorenumschlag genannt, abnimmt, nimmt die Kapitalbindung in den Forderungen zu. Eine solche Entwicklung ist als negativ zu beurteilen.

Kundenziel

$$\text{Kundenziel} = \frac{360}{\text{Debitorenumschlag}}$$

Das Ergebnis zeigt die durchschnittliche Bindungsdauer der Forderungen aus Lieferungen und Leistungen in Tagen. Diese Kennzahl lässt also erkennen, wie das durchschnittliche Zahlungsverhalten der Kunden ist. Außerdem lässt sich erkennen, wie lange es dauert, bis die Umsatzerlöse wieder in liquide Mittel umgewandelt werden. Hier sollte grundsätzlich ein niedriger Wert angestrebt werden. Um die eigene Situation besser beurteilen zu können, sollten Sie zum Vergleich Branchenkennzahlen heranziehen.

■ *Die Finanzierung der ausstehenden Forderungen aus Lieferungen und Leistungen erfolgt meist mithilfe des Kontokorrentkredits, der zu den teuersten Krediten zählt. Um Zinsen zu sparen, ist daher auf ein niedriges Kundenziel zu achten.* ■

Kennzahlen zur Kapitalstruktur

Um die Kapitalaufbringung beurteilen zu können, muss die Finanzierung des Unternehmens und die Bindungsdauer der einzelnen Finanzierungen untersucht werden.

Die Passivseite der Bilanz gibt Aufschluss über das Kapital, das in Eigen- und Fremdkapital getrennt ist. Die einzelnen Kapitalpositionen stehen den Unternehmen kurz- oder langfristig zur Verfügung. Mit dem Eigenkapital kann das Unternehmen langfristig arbeiten. Allerdings gehört der Bilanzgewinn, der ausgeschüttet wird, zum kurzfristigen Kapital. Die Rückstellungen setzen sich aus kurz- und langfristigen Rückstellungen zusammen. Steuerrückstellungen sind kurzfristiger Natur. Dagegen zählen die Pensionsrückstellungen zum langfristigen Kapital.

Auch beim Fremdkapital bzw. den Verbindlichkeiten ist zwischen kurz- und langfristig zu unterscheiden: Während Hypothekendarlehen langfristige Kredite sind, gehören die Verbindlichkeiten aus Lieferungen und Leistungen zu den kurzfristigen Schulden.

Welche Kennzahlen sind wichtig?

Folgende Kennzahlen sollten bei der Bilanzanalyse errechnet werden.

Eigenkapitalquote

$$\text{Eigenkapitalquote} = \frac{\text{Eigenkapital}}{\text{Gesamtkapital}} \times 100$$

Die Eigenkapitalquote ist eine wichtige Kennzahl, die Aufschluss über die Kreditwürdigkeit der Unternehmen gibt. Sie besagt, wie hoch der Anteil des von den Eignern bzw. Gesellschaftern eingebrachten Kapitals am Gesamtkapital ist. Eine hohe Eigenkapitalquote lässt die Unabhängigkeit und die Sicherheit des Unternehmens erkennen.

Die Eigenkapitalquote geht in deutschen Unternehmen laufend zurück. Heute beträgt die Eigenkapitalquote in einzelnen Branchen zwischen 15 % und 30 %. Dieser Rückgang liegt entweder an der hohen Steuerbelastung der Unternehmen, an zu geringen Gewinnen oder an einer hohen Ausschüttung der Gewinne.

Verschuldungsgrad

$$\text{Verschuldungsgrad} = \frac{\text{Fremdkapital}}{\text{Eigenkapital}} \times 100$$

Werden ständig Kredite aufgenommen, erhöht sich der Verschuldungsgrad. Dabei steigt auch das Risiko und es wird schwieriger neue Kredite zu bekommen. Der Trend in deutschen Unternehmen geht dahin, dass der Verschuldungsgrad eher zunimmt. Allerdings treten in den einzelnen Branchen erhebliche Unterschiede auf.

Umschlagshäufigkeit des Kapitals

$$\text{Umschlagshäufigkeit d. Kapitals} = \frac{\text{Umsatzerlöse}}{\text{Durchschnittliches Gesamtkapital}}$$

Diese Kennzahl drückt aus, wie oft sich das Gesamtkapital im Jahr umschlägt, wie produktiv also das im Unternehmen befindliche Kapital eingesetzt wird. Je höher die Umschlagshäufigkeit ist, desto schneller fließen die Finanzmittel wieder über den Umsatzprozess in das Unternehmen zurück und desto weniger Kapital ist im Unternehmen erforderlich. Diese Kennzahl ist wichtig, um das Risiko einer Fremdfinanzierung einschätzen zu können, etwa wenn die Bank dem Unternehmen einen Kredit gewähren soll.

Umschlagshäufigkeit der Verbindlichkeiten aus Lieferungen und Leistungen (Kreditorenumschlag)

$$\text{Kreditorenumschlag} = \frac{\text{Materialaufwand} + \text{Mehrwertsteuer}}{\text{Durchschnittliche Verbindlichkeiten aus Lieferungen und Leistungen}}$$

Diese Kennzahl ist besonders wichtig, da sie Aufschluss über das Zahlungsverhalten des eigenen Unternehmens gibt. Wie bereits im ersten Abschnitt erläutert (Seite 14), lässt sich aus ihr die folgende Kennzahl errechnen.

Lieferantenziel

$$\text{Lieferantenziel} = \frac{360}{\text{Kreditorenumschlag}}$$

Diese Kennzahl gibt an, nach wie viel Tagen im Durchschnitt die Lieferantenschulden vom Unternehmen bezahlt werden. Eine Erhöhung des Lieferantenziels deutet an, dass sich die finanzielle Situation im Unternehmen verschlechtert hat.

> ■ *Bei der Beurteilung der Aktivseite der Bilanz kommt es insbesondere auf den Ausnutzungsgrad des Anlagevermögens und auf die Umschlagshäufigkeit der einzelnen Positionen des Umlaufvermögens an; auf der Passivseite spielen die Eigenkapitalquote, der Verschuldungsgrad, die Umschlagshäufigkeit des Kapitals und das Lieferantenziel eine große Rolle.* ■

Kennzahlen zur Liquidität

Wie kann die Zahlungsfähigkeit beurteilt werden?

Um einen objektiven Maßstab für die Zahlungsfähigkeit eines Unternehmens zu erhalten, werden Kennzahlen zur Liquidität gebildet. Ziel ist, Schlussfolgerungen auf die zukünftige Zahlungsfähigkeit zu ziehen. Dazu werden im Wesentlichen verschiedene bilanzierte Vermögenswerte den bilanzierten kurzfristigen Verbindlichkeiten (Schulden) gegenübergestellt. Dazu benötigen Sie also Zahlen aus dem Jahresabschluss.

Sie können die Liquidität untersuchen

■ zu einem bestimmten Zeitpunkt, und zwar hinsichtlich
  – der kurzfristigen oder
  – langfristigen Liquidität.

Dabei kommt es darauf an, ob Daten verwendet werden, die sich bereits einen Tag nach dem Jahresabschluss schnell verändern können oder nicht.

■ Über einen Zeitraum (dynamische Liquiditätsanalyse).

Die Kennzahlen zur kurzfristigen Liquidität

Die kurzfristige Liquiditätsanalyse befasst sich mit den Verhältnissen von flüssigen Mitteln, kurzfristigen Forderungen und Vorräten zu den kurzfristigen Verbindlichkeiten.

■ Die flüssigen Mittel umfassen: Kasse, Bankguthaben, Postbankguthaben, Schecks, diskontfähige Wechsel.

■ Zu den kurzfristigen Verbindlichkeiten gehören: Verbindlichkeiten aus Lieferungen und Leistungen, Kontokorrentkredit, kurzfristige Rückstellungen, erhaltene Anzahlungen, Schuldwechsel, der Posten „Sonstige Verbindlichkeiten" sowie der Bilanzgewinn, der ausgeschüttet wird.

Einzelne Grade der Liquidität erlauben eine Bewertung, wie rasch das Unternehmen seinen kurzfristigen Zahlungsverpflichtungen nachkommen kann. Es lassen sich folgende Kennzahlen unterscheiden:

Liquidität 1. Grades

Bei der Liquidität 1. Grades werden die flüssigen Mittel ins Verhältnis zu den kurzfristigen Verbindlichkeiten gesetzt:

$$\text{Liquidität 1. Grades} = \frac{\text{Flüssige Mittel}}{\text{Kurzfr. Verbindlichkeiten}} \times 100$$

Zielvorgabe: 5 % bis 10 %

Die Liquidität 1. Grades sollte zwischen 5 % und 10 % liegen. Eingehende flüssige Mittel sollten möglichst schnell zur Bezahlung der kurzfristigen Verbindlichkeiten verwendet werden, um bei Lieferantenrechnungen den Skontoabzug vornehmen zu können.

Liquidität 2. Grades

Bei der Liquidität 2. Grades kommen zu den flüssigen Mitteln noch die kurzfristigen Forderungen hinzu:

$$\text{Liquidität 2. Grades} = \frac{\text{Flüssige Mittel} + \text{Kurzfristige Forderungen}}{\text{Kurzfr. Verbindlichkeiten}} \times 100$$

Zielvorgabe: 100 % bis 120 %

Dies sind meist nur die Forderungen aus Lieferungen und Leistungen. Die Zielvorgabe sollte etwa 100 % bis 120 % betragen. Liegt die Kennzahl unter dieser Zielvorgabe, könnten im Unternehmen Probleme bei der Wertschöpfung (ab Seite 91) bestehen oder verschiedene Produkte falsch kalkuliert sein. Es ist aber auch möglich, dass zu viele Halb- und Fertigfabrikate auf Lager liegen, weil sie noch nicht verkauft werden konnten.

Liquidität 3. Grades

Die Liquidität 3. Grades berücksichtigt neben den flüssigen Mitteln und den kurzfristigen Forderungen auch noch die Vorräte im Zähler (der Nenner bleibt bei allen Liquiditätsgraden übrigens gleich):

$$\text{Liquidität 3. Grades} = \frac{\text{Flüssige Mittel + Kurzfristige Forderungen + Vorräte}}{\text{Kurzfr. Verbindlichkeiten}} \times 100$$

Zielvorgabe: 120 % bis 150 %

Der Finanzmanager sollte versuchen als Zielgröße 120 % bis 150 % anzustreben. Liegt das Ergebnis darunter, könnte es Probleme mit der Preisgestaltung im Unternehmen geben. Übersteigt die Liquidität 3. Grades 150 %, dann sind die Bestände im Lager zu hoch und binden zuviel Kapital.

Working-Capital

Im Zähler der Kennzahl „Liquidität 3. Grades" steht das Umlaufvermögen. Wenn Sie von diesem die „Kurzfristigen Verbindlichkeiten" abziehen, erhalten Sie die Kennzahl „Working-Capital":

Umlaufvermögen
− Kurzfristige Verbindlichkeiten
= Working-Capital

Ziel sollte möglichst ein positiver Wert sein. Dies würde nämlich bedeuten, daß ein Teil des Umlaufvermögens mit langfristig zur Verfügung stehendem Kapital finanziert wird (Eigenkapital oder langfristiges Fremdkapital) - was umgekehrt bedeutet: Nicht alles kurzfristig verfügbare Vermögen ist zur Deckung der kurzfristigen Verbindlichkeiten erforderlich. Somit ermöglicht die Kennziffer „Working-Capital" auch eine Beurteilung der Bonität eines Unternehmens. Sollte das Working-Capital negativ sein, ist dieses Ergebnis ein Anzeichen dafür, dass ein Teil des Anlagevermögens kurzfristig finanziert wurde. Dadurch kann ein Unternehmen schnell in Liquiditätsschwierigkeiten geraten.

> ■ *Die zukünftige Liquidität eines Unternehmens ist um so eher gesichert, je höher das Working-Capital ist. Denn die Liquidität wird besser beurteilt, wenn die Mehrzahl der Zahlungsverpflichtungen längerfristig sind. Die Höhe des Working-Capital ist deshalb ein Ausdruck für die finanzielle Beweglichkeit des Unternehmens.* ■

Die Kennzahlen zur langfristigen Liquidität

Die finanzielle Struktur des Unternehmens sollte so beschaffen sein, dass die Banken oder andere Fremdkapitalgeber das Unternehmen für kreditwürdig halten. Ist dies nicht mehr der Fall, könnte ein Teil des Fremdkapitals abgezogen werden oder zusätzlich erforderliches Fremdkapital nicht mehr zur Verfügung gestellt werden. Die Folge wäre dann, dass das Unternehmen in seiner Existenz gefährdet würde. Daher sind bestimmte Finanzierungsregeln einzuhalten.

Wichtige Kennzahlen zu Finanzierungsregeln

Die Finanzierungsregeln besagen, dass beispielsweise langfristig gebundene Vermögensgegenstände auch durch langfristige Mittel zu finanzieren sind. Die Fristigkeit der Finanzierungsmittel sollte der Nutzungsdauer der damit finanzierten Investitionsobjekte entsprechen. Hieraus kann die Regel abgeleitet werden, dass zumindest das Anlagevermögen eines Unternehmens langfristig, also durch Eigenkapital und durch langfristiges Fremdkapital, zu finanzieren ist.

Die langfristige Liquidität untersuchen die Deckungsrelationen, die auch Deckungsgrade genannt werden. Dabei werden bestimmte Positionen der Passivseite mit bestimmten Positionen der Aktivseite der Bilanz verglichen. Die Kennzahlen der Anlagendeckung bringen zum Ausdruck, in welchem Umfang die Finanzierungsregeln tatsächlich eingehalten wurden. Je höher die Prozentsätze ausfallen, umso größer ist die finanzielle Stabilität des Unternehmens. Nach Möglichkeit sollte auch ein Teil des Umlaufvermögens, zumindest aber der durchschnittliche Bestand an Vorräten, langfristig finanziert sein.

Wenn die Finanzierungsregeln eingehalten werden, die Deckungsgrade also den Richtwerten entsprechen, können Sie davon ausgehen, dass die langfristige Liquidität des Unternehmens gesichert ist. Allerdings muss berücksichtigt werden, ob es sich um anlage- oder umlaufvermögensintensive Unternehmen handelt. Deshalb müssen zum Vergleich neben den eigenen Kennzahlen auch Branchenkennzahlen herangezogen werden.

Deckungsgrad 1

Der Deckungsgrad 1 drückt aus, inwieweit das Anlagevermögen durch Eigenkapital gedeckt ist:

$$\text{Deckungsgrad 1} = \frac{\text{Eigenkapital}}{\text{Anlagevermögen}} \times 100$$

Zielvorgaben: 80 % bis 100 %

Deckungsgrad 2

Beim Deckungsgrad 2 wird untersucht, ob das Anlagevermögen durch das Eigenkapital und das langfristige Fremdkapital abgedeckt wird:

$$\text{Deckungsgrad 2} = \frac{\text{Eigenkapital + Langfristiges Fremdkapital}}{\text{Anlagevermögen}} \times 100$$

Zielvorgaben: 100 % bis 120 %

Deckungsgrad 3

Der Deckungsgrad 3 gibt Auskunft darüber, ob das Anlagevermögen und die Vorräte durch das Eigenkapital und das langfristige Fremdkapital finanziert werden oder nicht:

$$\text{Deckungsgrad 3} = \frac{\text{Eigenkapital + Langfristiges Fremdkapital}}{\text{Anlagevermögen + Vorräte}} \times 100$$

Zielvorgabe: 100 %

Cashflowkennzahlen

Der Cashflow beziffert den Überschuss, der sich ergibt, wenn man von den Einnahmen die Ausgaben abzieht. Er lässt erkennen, in welchem Maße ein Unternehmen Finanzmittel aus eigener Kraft erwirtschaftet hat. Diese Kennzahl zeigt, wie stark das Unternehmen sich von innen heraus finanzieren kann (Innenfinanzierung), wie groß also das finanzielle Potenzial ist, das aus seiner erfolgreichen Tätigkeit in der Wirtschaft erwächst.

Die selbsterwirtschafteten Mittel stehen dem Unternehmen frei zur Verfügung. Es kann damit

- Investitionen finanzieren,

- Schulden tilgen,

- Gewinne ausschütten,

- die liquiden Mittel aufstocken.

Je höher der Cashflow ist, desto positiver ist die Liquiditätslage des Unternehmens zu beurteilen. Somit kann ein hoher Cashflow die Kreditwürdigkeit eines Unternehmens verbessern - und damit gewinnt das Unternehmen auch die Möglichkeit, zusätzliche Kredite am Geld- und Kapitalmarkt aufzunehmen, um weitere Investitionen zu finanzieren (Außenfinanzierung).

> ■ *Der Cashflow ist ein Indikator für die Ertrags- und Finanzkraft eines Unternehmens.* ■

Berechnung des Cashflow und der Cashflow-Kennzahlen

Es gibt zwei Methoden, den Cashflow zu berechnen:

1 direkte Ermittlung,

2 indirekte Ermittlung.

Zur Ermittlung des Cashflow müssen alle Positionen der GuV herangezogen werden. Die einzelnen Positionen dürfen aber nur einmal für die direkte oder für die indirekte Ermittlung verwendet werden; das Ergebnis beider Methoden muss gleich sein.

1 Direkte Ermittlung des Cashflow

Der Cashflow ist der Teil der Einnahmen einer Periode, der dem Unternehmen nach Abzug aller Ausgaben in diesem Zeitraum zur Verfügung steht.

In der GuV werden von den Erträgen die Aufwendungen abgezogen, um den Jahresüberschuss (Gewinn) zu erhalten. Einige Erträge sind nicht zahlungsbedingt (finanzwirksam) wie z. B. die Erhöhung der Bestände an fertigen und unfertigen Erzeugnissen. Auch nicht alle Aufwendungen sind zahlungsbedingt, etwa die Abschreibungen und die Bildung der Rückstellungen. Der Cashflow ergibt sich also aus der Differenz der zahlungsbedingten Erträge (Einnahmen) minus der zahlungsbedingten Aufwendungen (Ausgaben).

- Die zahlungsbedingten Erträge umfassen beispielsweise die Umsatzerlöse und die Zinsen für Festgelder.

- Zu den zahlungsbedingten Aufwendungen gehören zum Beispiel die Löhne und Gehälter, die Fremdkapitalzinsen und der Materialverbrauch.

Die Formel sieht demnach folgendermaßen aus:

Zahlungsbedingte Erträge (Einnahmen)
– Zahlungsbedingte Aufwendungen (Ausgaben)
= Cashflow

2 Indirekte Ermittlung des Cashflow

Der Cashflow kann auch indirekt ermittelt werden. Dabei werden zum Gewinn die nicht zahlungsbedingten Aufwendungen hinzugenommen; dies sind beispielsweise die Abschreibungen und die Bildung von Rückstellungen. Außerdem müssen die nicht zahlungsbedingten Erträge abgezogen werden; dazu gehören Bestandserhöhungen an Halb- und Fertigfabrikaten, die aktivierten Eigenleistungen sowie die Auflösung von Rückstellungen. Dann sieht die Berechnung wie folgt aus:

> Gewinn (Jahresüberschuss), Verlust (Jahresfehlbetrag)
> + nicht zahlungsbedingte Aufwendungen
> − nicht zahlungsbedingte Erträge
> = Cashflow

> ■ *Da die Eigenkapitalquote in vielen Unternehmen rückläufig ist, spielt der Cashflow für die Beurteilung der Kreditwürdigkeit eines Unternehmens eine immer größere Rolle. Die Banken überprüfen, ob das Unternehmen insbesondere bei zunehmendem Verschuldungsgrad einen ausreichenden Cashflow erwirtschaftet, um die Zinsen und Tilgungen zahlen zu können. Der Cashflow übernimmt zum Teil die Haftungsfunktion des Eigenkapitals.* ■

Dynamischer Verschuldungsgrad

Der Cashflow ist ein Indikator für die Kreditwürdigkeit eines Unternehmens. Aus ihm lässt sich eine weitere Kennzahl ableiten, die den dynamischen Verschuldungsgrad beziffert; der Zusammenhang liegt auf der Hand, denn letztlich können die Schulden nur aus dem Cashflow getilgt werden. Die Kennzahl wird wie folgt errechnet:

$$\text{Dynamischer Verschuldungsgrad} = \frac{\text{Fremdkapital}}{\text{Cashflow}} \times 100$$

Der dynamische Verschuldungsgrad ist ein Maßstab für die Möglichkeiten zur Schuldentilgung und wird daher auch als **Entschuldungskraft** eines Unternehmens bezeichnet. Die gesamte Verschuldung eines Unternehmens sollte das 3,5-fache des durchschnittlichen Cashflow der letzten drei Geschäftsjahre nicht überschreiten.

> ■ *Die dynamische Verschuldungsregel besagt, daß die Gesamtverschuldung (Fremdkapital) eines Unternehmens das 3,5-fache des Cashflow nicht überschreiten sollte. Wird diese Regel nicht eingehalten, hat das negative Auswirkungen auf die Kreditwürdigkeit des Unternehmens.* ■

Kennzahlen für Finanzierungsregeln

Bei der Finanzierung eines Unternehmens sollten gewisse Regeln beachtet werden, um das finanzielle Gleichgewicht zu gewährleisten. Einzelne der besprochenen Kennzahlen geben hierzu die Richtwerte vor.

- Die **vertikalen Finanzierungsregeln** (weil sie aus der rechten bzw. linken Seite der Bilanz errechnet werden) beziehen sich auf die Vermögens- und Kapitalstruktur.

- Die **horizontalen Finanzierungsregeln** (weil sie Werte der Passivseite mit Werten der Aktivseite in Beziehung setzen) beziehen sich auf die Art der Finanzierung.

Einen Überblick über die Finanzierungsregeln und die entsprechenden Kennzahlen finden Sie auf der folgenden Seite.

■ *Die Grundsätze der Finanzierungsregeln sind wichtige Maßstäbe für die Beurteilung der Finanzierung der Unternehmen. Die Finanzierungsregeln haben sich in der Praxis bewährt, insbesondere wenn auch die Branchenkennzahlen herangezogen werden.* ■

Finanzierungsregeln

Vertikale Finanzierungsregeln
Ausgewogene Vermögensstruktur

$$\text{Grundregel} = \frac{\text{Anlagevermögen}}{\text{Umlaufvermögen}} = \frac{1}{1}$$

Ausgewogene Kapitalstruktur

$$\text{Grundregel} = \frac{\text{Eigenkapital}}{\text{Fremdkapital}} = \frac{1}{1}$$

Horizontale Finanzierungsregeln
Goldene Bankregel

$$\frac{\text{Eigenkapital}}{\text{Anlagevermögen}} = \frac{1}{1} \quad \text{oder: Deckungsgrad 1} = 100\,\%$$

Goldene Bilanzregeln

Enge Fassung:
Deckungsgrad 1 = 100 %
$$\frac{\text{Eigenkapital}}{\text{Anlagevermögen}} = \frac{1}{1}$$

Weitere Fassung:
Deckungsgrad 2 = 100 %
$$\frac{\text{Eigenkapital + langfr. Fremdkapital}}{\text{Anlagevermögen}} = \frac{1}{1}$$

Weitere Fassung:
Deckungsgrad 3 = 100 %
$$\frac{\text{Eigenkapital + langfr. Fremdkapital}}{\text{Anlagevermögen + Vorräte}} = \frac{1}{1}$$

Um was geht es bei der Gewinnanalyse?

Die Gewinnerzielung ist in den meisten Unternehmen Hauptmotiv der wirtschaftlichen Tätigkeit. Deshalb ist auch der Gewinn die wichtigste Größe der Erfolgsanalyse.

Ziel jeder Erfolgsanalyse auf Basis des Jahresabschlusses ist es, die Ertragskraft eines Unternehmens zu ermitteln und zu beurteilen. Sie besagt, ob ein Unternehmen auch in Zukunft Gewinne erwirtschaftet und damit eine Gewinnausschüttung garantiert. Außerdem soll ein Einblick gewonnen werden, ob ein Unternehmen seine Existenz auch langfristig sichern kann.

Wer sich für die Ertragskraft interessiert

Mit einer Erfolgs- bzw. Gewinnanalyse sollen Unternehmensleitung und Führungskräfte einen zuverlässigen Einblick in die Ertragskraft des Unternehmens erhalten. Für die Ertragskraft eines Unternehmens interessieren sich aber auch die Gesellschafter, die Aktionäre, die Banken, die Lieferanten, die Konkurrenten und die Gewerkschaften - aus jeweils unterschiedlichen Gründen. Die Anteilseigner etwa achten wegen möglicher Gewinnausschüttungen und wegen der Kursentwicklung der Aktien darauf, wie erfolgreich ein Unternehmen gewirtschaftet hat. Die Banken schließen auf Grund der Ertragskraft auf die Möglichkeit, die vereinbarten Zins- und Tilgungszahlungen pünktlich zu erhalten.

Die Gewinn- und Verlustrechnung

Der Gewinn wird in der GuV ermittelt und ergibt sich aus der Differenz zwischen den Erträgen und den Aufwendungen. Um die

Ursachen für die Gewinnerzielung zu erkennen, muss die GuV sorgfältig analysiert werden. Man untersucht, welche Größen den Gewinn in der GuV positiv oder negativ beeinflussen können.

Es empfiehlt sich, zum Vergleich die Ertragslage der abgelaufenen Geschäftsjahre zu ermitteln, um Prognosen über Geschäftsentwicklungen der folgenden Jahre erstellen zu können. Je detaillierter die Erfolgsanalyse durchgeführt wird, desto mehr Ansätze zur Verbesserung der Erfolge lassen sich erkennen. Dabei sollten die Ursachen für positive oder negative Entwicklungen der wichtigsten Einflussfaktoren exakt ermittelt werden. Dann können die negativen Einflussgrößen abgeschwächt oder beseitigt und die positiven Punkte forciert werden.

Gewinn- und Verlustrechnung mit Vergleichsmöglichkeit

	Geschäftsjahr:			
	Firma		Branche	
Bezeichnung	€	%	€	%
1. Umsatzerlöse				
2. Bestandserhöhungen/Bestandsverminderungen an fertigen und unfertigen Erzeugnissen und Waren				
3. Aktivierte Eigenleistungen				
4. Sonstige betriebliche Erträge (Ordentliche betriebliche Erträge)				
5. Gesamtleistung (1 + 2 + 3 + 4)				
6. Materialaufwand a) Aufwendungen für Roh-, Hilfs- und Betriebsstoffe b) Aufwendungen für bezogene Leistungen				

7. Personalaufwand
  a) Löhne und Gehälter
  b) Soziale Abgaben und Aufwendungen				

8. Abschreibungen
  a) auf immaterielle Vermögens-
     gegenstände des Anlagevermögens
     und auf Sachanlagen
  b) auf Vermögensgegenstände des
     Umlaufvermögens				

9. Rückstellungen				
10. Sonstige betriebliche Aufwendungen (ordentliche betriebliche Aufwendungen)				
11. Betriebsergebnis **[5 - (6 + 7 + 8 + 9 + 10)]**				
12. Erträge aus Beteiligungen und aus anderen Wertpapieren und Ausleihungen des Finanzvermögens				
13. Abschreibungen auf Finanzanlagen und auf Wertpapiere des Umlaufvermögens				
14. Zinsen und ähnliche Aufwendungen				
15. Finanzergebnis [12 - (13 + 14)]				
16. Ergebnis der gewöhnlichen **Geschäftstätigkeit (11 + 15)**				
17. Steuern vom Einkommen und vom Ertrag				
18. Sonstige Steuern				
19. Gewinn/Verlust **(Ordentliches Betriebsergebnis)** **[16 - (17 + 18)]**				
20. Neutrale Erträge (betriebsfremde, periodenfremde, außerordentliche Erträge)				
21. Neutrale Aufwendungen (betriebsfremde, periodenfremde, außerordentliche Aufwendungen)				
22. Neutrales Ergebnis (20 - 21)				
23. Unternehmensergebnis (19 + 22)				

Worauf Sie achten müssen

Der Gewinn kann allerdings bilanzpolitisch beeinflusst werden, seine Höhe ist also manipulierbar. Dies ist vor allem durch die Bewertung der Wirtschaftsgüter möglich. Durch den Ansatz von höheren Abschreibungen und durch die Bildung von höheren Rückstellungen beispielsweise kann der Gewinn vermindert und stille Reserven geschaffen werden. Der in der GuV ausgewiesene Gewinn muss deshalb korrigiert werden, um das ordentliche Betriebsergebnis zu ermitteln. Diese Korrektur des ausgewiesenen Gewinns/Verlusts erfolgt bei der Aufbereitung des Zahlenmaterials.

- Bei der Erfolgsanalyse sollte jeweils der Gewinn/Verlust nach Steuern verwendet werden.

- Auch bei Branchenvergleichen sind jeweils die Gewinne nach Steuern einander gegenüberzustellen.

- Da der Gewinn bei Einzel- und Personengesellschaften in der GuV vor Steuern angegeben wird, muss er in diesen Unternehmensformen um die Einkommensteuer gekürzt werden - denn die Gesellschafter müssen den Gewinn persönlich im Privatbereich versteuern. Die Steuerbelastung durch die Einkommensteuer beträgt etwa 50 %.

- Außerdem ist bei Analysen von Einzel- und Personengesellschaften zu berücksichtigen, dass für die mitarbeitenden Gesellschafter in der GuV kein Unternehmerlohn enthalten ist. Deshalb muss auch ein kalkulatorischer Unternehmerlohn von dem ausgewiesenen Gewinn abgezogen werden.

- Kapitalgesellschaften weisen den Bilanzgewinn/Bilanzverlust in der GuV immer nach Steuern aus.

Gewinnentwicklung anhand eines Fallbeispiels

Um eine klare Aussage über die Geschäftsentwicklungen machen zu können, müssen die Gewinne der letzten beiden Geschäftsjahre und deren Veränderungen erfasst werden.

Die Errechnung der absoluten Differenz reicht allerdings nicht aus, um einen guten Überblick zu gewinnen; daneben muss auch die prozentuale Veränderung errechnet werden.

Beispiel

Ein Unternehmen weist in der GuV für 2000 den Gewinn von 130 T€ aus, für 2001 den Gewinn von 90 T€. Die Gewinnentwicklung stellt sich dann so dar:

2000	130 T€
2001	90 T€
Differenz	- 40 T€
oder	- 30,8 %

Der Gewinn ist von 2000 auf 2001 um 40 T€ oder um 30,8 % zurückgegangen.

Um die Ursachen für den Rückgang des Gewinns zu ermitteln, müssen alle wichtigen Positionen der GuV untersucht werden. Als Erstes können die Umsatzerlöse analysiert werden.

Umsatzerlöse

Die Umsatzerlöse sehen im Beispiel folgendermaßen aus:

2000	2 600 T€
2001	3 000 T€
Differenz	+ 400 T€
oder	+ 15,4 %

Die Umsatzerlöse haben sich im gleichen Zeitraum um 400 T€ oder um 15,4 % erhöht. Diesem Anstieg steht ein Sinken des Gewinns um 30,8 % gegenüber.

Es müssen also andere Gründe für die massive Verschlechterung der Ertragskraft des Unternehmens vorliegen.

Materialkosten

Als nächste Position sollten die Materialkosten untersucht werden.

Beispiel

In unserem Beispiel sehen die Zahlen wie folgt aus:

2000	1 200 T€
2001	1 550 T€
Differenz	+ 350 T€
oder	+ 29,2 %

Der starke Rückgang des Gewinns könnte allein durch das Ansteigen der Materialkosten um 29,2 % verursacht worden sein. Die Materialkosten sind fast doppelt so stark gestiegen wie die Umsatzerlöse (15,4 %). Gründe dafür können sein:

- höherer Ausschuss,

- Produktion von mehr materialintensiven Erzeugnissen,

- mehr Fremdleistungen (Subunternehmer),

- die höheren Materialpreise können nicht an die Kunden weitergegeben werden,

- Mehrverbrauch an Hilfs- und Betriebsstoffen.

Weitere Einflussfaktoren

Als weitere Einflussfaktoren auf den Gewinn können noch folgende Positionen genauer überprüft werden (vgl. dazu auch die Berechnungen im Fallbeispiel ab Seite 101):

- Löhne und Gehälter

- Abschreibungen

- Rückstellungen

- Zinsen

- Steuern

- Sonstige betriebliche Aufwendungen

Wie Sie die Rendite beurteilen

Was besagen Renditekennzahlen?

Der Gewinn allein ist ohne große Aussagekraft. Erst der Vergleich des Gewinns mit anderen Erfolgsfaktoren ermöglicht eine Aussage darüber, ob sich der Einsatz des Kapitals oder die Erzielung des Umsatzes gelohnt hat. Zu den Kennzahlen, die diese Zusammenhänge sichtbar machen, gehören die Renditekennzahlen.

Die Rentabilität ist eine Beziehungszahl, bei der eine Ergebnisgröße zu einer dieses Ergebnis maßgebend mitbestimmenden Erfolgsgröße in Relation gesetzt wird. Als Einflussgrößen kommen das zur Ergebniserzielung eingesetzte Kapital oder der das Ergebnis bewirkende Umsatz infrage.

Beispiel

So erwarten etwa Eigenkapitalgeber für das von ihnen zur Verfügung gestellte Kapital einen guten Gewinn; eine Aussage hierzu trifft die Eigenkapitalrentabilität. Auch den Fremdkapitalgeber interessiert die Rentabilität des Unternehmens, also Kennzahlen, die etwas über das Risiko aussagen, das mit der Bereitstellung des Fremdkapitals verbunden ist.

Die Rentabilität der Unternehmen kann im Finanzbereich durch folgende Maßnahmen beeinflusst werden:

- kostengünstigere Finanzierung (niedrigere Zinsen)

- geringere Haltung von Liquiditätsreserven wegen der niedrigen Verzinsung

- zinsbringende Anlagen von liquiden Mitteln (Festgeld)

Rentabilität und Liquidität gegeneinander abwägen

Ein hoher Bestand an liquiden Mitteln auf dem Kontokorrent hat negative Auswirkungen auf die Rentabilität; niedrigere Vorhaltung von liquiden Mitteln hingegen kann die Rentabilität verbessern, wenn diese Mittel dafür langfristig angelegt werden. Allerdings besteht dann die Gefahr, dass das Unternehmen in Zahlungsschwierigkeiten gerät.

> ■ *Zwischen der Liquidität und der Rentabilität besteht ein Zielkonflikt. Das Ziel, die Rentabilität zu verbessern, sollte also immer unter Berücksichtigung einer noch ausreichenden Liquidität verfolgt werden.* ■

Warum Sie auch den Cashflow einbeziehen sollten

Die Renditezahlen aus der Bilanz und der GuV geben Aufschluss darüber, ob ein Unternehmen erfolgreich geführt wird oder nicht. Um einen besseren Einblick zu erhalten, errechnet man vier verschiedene Kennzahlen mit unterschiedlicher Aussagekraft. Allerdings ist dabei die Frage zu klären, ob der ausgewiesene Gewinn auch ein objektives Bild über den Erfolg abgibt; denn das Ergebnis der GuV kann durch bilanzpolitische Maßnahmen in der Höhe stark beeinflusst werden; es besteht die Möglichkeit, den Gewinn durch gezielte Entscheidungen erheblich nach oben oder unten zu korrigieren. Deshalb sollten Sie neben dem Gewinn auch noch den Cashflow zur Errechnung der Rentabilitätskennzahlen heranziehen. Der Cashflow erlaubt eine objektivere Beurteilung der Ertrags- und Finanzkraft des Unternehmens.

Die wichtigsten Renditekennzahlen

Eigenkapitalrentabilität

Diese Kennzahl bringt die Verzinsung des eingesetzten Kapitals durch seinen Einsatz im Unternehmen zum Ausdruck. Bei der Eigenkapitalrentabilität muss wegen des Leverage-Effekts (Hebelwirkung, s. S. 81) auch auf den Anteil des Eigenkapitals am Gesamtkapital geachtet werden.

Die Kennzahl errechnet sich wie folgt:

$$\text{Eigenkapitalrentabilität} = \frac{\text{Bilanzgewinn}}{\text{Eigenkapital}} \times 100$$

Zielvorgabe: 20 % bis 25 %

Die Zielvorgabe für die Eigenkapitalrendite scheint recht hoch zu sein. Da allerdings die Eigenkapitalquote (Seite 55) der deutschen Unternehmen nur noch bei 20 % bis 30 %

liegt, kann eine Eigenkapitalrentabilität von 20 % bis 25 % relativ schnell erzielt werden.

> ■ *Die Eigenkapitalrentabilität sollte auf jeden Fall erheblich über dem marktüblichen Zins für langfristige Kapitalanlagen liegen, da der Gewinn zusätzlich eine Vergütung für das Risiko des Unternehmens enthält.* ■

Was bedeutet der Leverage-Effekt?

Der Leverage-Effekt bedeutet, dass die Eigenkapitalrendite steigt, wenn zusätzliches Fremdkapital aufgenommen wird. Dieser Effekt tritt dann ein, wenn mit dem so gestiegenen Gesamtkapital eine höhere Rendite erwirtschaftet wird, als die Fremdkapitalzinsen ausmachen (siehe Beispiel).

Der Leverage-Effekt findet seine Grenzen in dem wachsenden Verschuldungsgrad, wodurch sich das Risiko der Banken erhöht. Diese sind dann nur noch bereit zusätzliches Fremdkapital zu höheren Zinsen und/oder durch die Überlassung von zusätzlichen Sicherheiten zur Verfügung zu stellen.

Beispiel
Leverage-Effekt
Angenommen, das Gesamtkapital beträgt 800 T€, setzt sich aber in drei Fällen jeweils unterschiedlich zusammen:

Eigenkapital (T€)	600	400	200
Fremdkapital (T€)	200	400	600
Gesamtkapital (T€)	800	800	800
Fremdkapitalzins	10 %		

	1	2	3
Eigenkapital	600	400	200
Fremdkapital	200	400	600
Gesamtkapital	800	800	800
Gewinn des Gesamtkapitals (Kapitalgewinn)	100	100	100
– Zinsen für das Fremdkapital (10%)	20	40	60
Gewinn nach Zinsen	80	60	40
Eigenkapitalrentabilität	13,3 %	15 %	20 %

In unserem Beispiel erhöht sich die Eigenkapitalrentabilität bei gleichbleibendem Gesamtkapital und Gewinn und trotz steigender Zinslast von 13,3 % in Fall 1 auf 15 % in Fall 2 und letztlich auf 20 % in Fall 3.

Gesamtkapitalrentabilität

Die Gesamtkapitalrentabilität ist für die Beurteilung eines Unternehmens aussagefähiger als die Eigenkapitalrentabilität, da sie die Verzinsung des gesamten im Unternehmen investierten Kapitals angibt. Das Gesamtkapital (Bilanzsumme) setzt sich aus dem Eigen- und dem Fremdkapital zusammen.

Bei der Berechnung dieser Kennzahl müssen Sie neben dem Gewinn auch die Zinsen berücksichtigen, die für das eingesetzte Fremdkapital bezahlt werden, da sie den Gewinn in der GuV reduzieren. Diese Summe aus dem Gewinn und den Fremdkapitalzinsen wird auch als Kapitalgewinn bezeichnet. Die Renditezahl errechnet sich dann wie folgt:

$$\text{Gesamtkapitalrentabilität} = \frac{\text{Gewinn + Zinsen für Fremdkapital}}{\text{Gesamtkapital}} \times 100$$

Zielvorgabe: 10 % bis 12 %

> ■ *Jedes Unternehmen sollte als Ziel eine Gesamtkapitalrendite von 10 %
> bis 12 % anstreben.* ■

Umsatzrentabilität

Die Umsatzrentabilität stellt die Verzinsung des Umsatzes im
Unternehmen dar:

$$\text{Umsatzrentabilität} = \frac{\text{Gewinn} + \text{Zinsen für Fremdkapital}}{\text{Umsatz}} \times 100$$

Zielvorgabe: 5 % bis 6 %

Diese Kennzahl lässt also erkennen, wie ein Unternehmen in
Bezug auf den Umsatz gearbeitet hat. Sie gibt Auskunft über
den Erfolg der betrieblichen Tätigkeit, der beim Verkauf der
hergestellten Produkte und der betrieblichen Leistungen am
Markt erzielt wird. Die Umsatzrentabilität wird in der Litera-
tur oft nur unter Berücksichtigung des Gewinns errechnet.
Diese Art der Berechnung ist allerdings irreführend, da der
Umsatz unter Einsatz des Eigen- und Fremdkapitals erzielt
wird. Deshalb sollten zu dem Gewinn auch noch die Fremdkapitalzinsen hinzugezählt werden, die für den Einsatz des
Fremdkapitals bezahlt werden müssen.

> ■ *Bei der Umsatzrentabilität spielt die Größe des Unternehmens eine
> Rolle: Je größer das Unternehmen ist, desto niedriger ist generell diese
> Rendite. Kleinere und mittlere Unternehmen sollten eine Umsatzrenta-
> bilität in Höhe von 5 % bis 6 % erzielen.* ■

Cashflow-Renditezahlen

Analog zu den anderen Renditekennzahlen lassen sich auch
die Cashflow-Renditezahlen errechnen. So errechnet die

Cashflow-Eigenkapitalrendite das Verhältnis von Cashflow zum Eigenkapital:

$$\text{Cashflow-Eigenkapitalrendite} = \frac{\text{Cashflow}}{\text{Eigenkapital}} \times 100$$

Die Cashflow-Umsatzrendite lässt sich wie folgt berechnen:

$$\text{Cashflow-Umsatzrendite} = \frac{\text{Cashflow}}{\text{Umsatzerlöse}} \times 100$$

Diese Kennzahl zeigt, wie viel Prozent der Umsatzerlöse für Investitionen, Kredittilgung und Gewinnausschüttung zur Verfügung stehen. Analog lässt sich eine Kennzahl zum Verhältnis von Cashflow und Gesamtkapital errechnen.

Return on Investment (ROI) – eine der wichtigsten Renditekennzahlen

Der ROI gilt als eine der wichtigsten Kennzahlen der Bilanzanalyse und der Bilanzkritik. Er hat hohe Aussagekraft im Hinblick auf die Rentabilität bzw. die Ertragskraft des Unternehmens, da er sich aus zwei Erfolgsfaktoren zusammensetzt. Die Kennzahl erlaubt damit gleichzeitig Rückschlüsse auf die Ursachen für die Verschlechterung oder die Verbesserung der Rentabilität.

Daher ist er ein Instrument, das häufig Anwendung in der Unternehmenssteuerung findet. Die Unternehmensleitung und die Führungskräfte können mit ihr erkennen, wie die Rentabilität für das nächste Jahr positiv beeinflusst werden kann. Alle anschließenden Entscheidungen im Unternehmen sind dann auf ihre Wirksamkeit hin leicht zu überprüfen.

Diese Kennzahl kann in weitere Zahlen aufgeteilt werden, um eine Zielhierarchie aufzubauen. Somit kann vom ROI ausgehend ein Kennzahlensystem aufgebaut werden (ab Seite 87).

Wie Sie den ROI berechnen

In der ROI-Formel werden die Beziehungen zwischen Gewinn, Umsatz und eingesetztem Gesamtkapital dargestellt. Dazu erweitern Sie die Formel der Gesamtkapitalrentabilität (Seite 82), indem Sie zusätzlich im Nenner und Zähler den Umsatz aufnehmen.

Return on Investment:

$$ROI = \frac{G + Z_{FK}}{U} \times 100 \times \frac{U}{GK}$$

= Umsatzrentabilität x Kapitalumschlagshäufigkeit

G = Gewinn; Z_{FK} = Fremdkapitalzinsen; U = Umsatz; GK = Gesamtkapital
Zielvorgabe: 10 % bis 12 %

Dies hat den Sinn, eine Beziehung zu zwei weiteren Erfolgskennzahlen herzustellen, nämlich zur Umsatzrentabilität und zur Kapitalumschlagshäufigkeit: Der ROI ist das Produkt aus diesen beiden Kennzahlen.

- Die Umsatzrentabilität beziffert die Verzinsung des Umsatzes im Unternehmen (Seite 83).

- Der Kapitalumschlag zeigt an, wie intensiv das im Unternehmen eingesetzte Kapital genutzt wird; diese Kennzahl gibt also Aufschluss über die Produktivität des eingesetzten Kapitals.

Die Umschlagszahl gewährt damit einen Einblick in den Nutzungsgrad des Kapitals. Die Umschlagshäufigkeit des Kapitals von 2 bedeutet, dass mit 1 € Kapital im Jahr 2 € Umsatz erzielt wird. Je höher der Kapitalumschlag ist, desto geringer ist der Kapitalbedarf, da das Kapital öfter freigesetzt werden kann.

> - *Der ROI kann verbessert werden, wenn die Umsatzrentabilität und/oder die Kapitalumschlagshäufigkeit angehoben werden.* -

Was der ROI aussagt

Der ROI gibt damit Aufschluss darüber, ob die Veränderungen der Gesamtkapitalrentabilität auf die Veränderungen der Umsatzrentabilität und/oder der Kapitalumschlagshäufigkeit zurückzuführen sind. Es besteht allerdings auch die Möglichkeit, dass sich in einem Geschäftsjahr die Umsatzrentabilität verschlechtert und sich die Kapitalumschlagshäufigkeit gleichzeitig verbessert hat. Gegenläufige Entwicklungen werden also bei der Verwendung der ROI-Formel ebenso aufgedeckt.

Eine niedrigere Umsatzrentabilität kann in Verbindung mit einer höheren Kapitalumschlagshäufigkeit zum gleichen Ergebnis führen wie eine hohe Umsatzrentabilität und eine niedrigere Kapitalumschlagshäufigkeit.

Beispiel

ROI = 6 x 2 = 12 oder ROI = 12 x 1 = 12

■ *Der ROI sollte in kleineren und mittleren Unternehmen 10 % bis 12 %*
betragen. Dieses Ziel kann von gut gemanagten Unternehmen erreicht
werden.   ■

Erweiterte Form des ROI

In der bisherigen ROI-Formel wurden die Daten in erster Linie
aus der Gewinn- und Verlustrechnung sowie aus der Bilanz
verwendet. Werden die Daten der Kosten- und Leistungsrechnung entnommen, lautet die ROI-Formel:

$$ROI = \frac{BE + kal. Z}{U} \; x \; 100 \; x \; \frac{U}{Durchschnittl. \, betr. \, K}$$

BE   = Betriebsergebnis
kal. Z = kalkulatorische Zinsen
U   = Umsatz
betr. K = betriebsnotwendiges Kapital

Wenn Sie in Ihrem Unternehmen eine aussagefähige Kosten-
und Leistungsrechnung eingeführt haben, können Sie auch
alle Daten aus dieser internen Rechnung in die ROI-Berech-
nungen einsetzen, da sie eine noch bessere betriebswirtschaftliche Analyse des Unternehmens erlauben.

Der ROI als Ausgangspunkt eines Kennzahlensystems

Ein Kennzahlensystem verknüpft übergeordnete und untergeordnete Kennzahlen miteinander (vgl. Seite 21). Es erhöht

nicht nur die Transparenz eines Unternehmens, sondern ermöglicht auch anhand von Zahlenvorgaben eine Zielhierarchie aufzubauen.

Das **ROI-Kennzahlensystem** dokumentiert die logische und/oder rechnerische Verknüpfung verschiedener Kennzahlen, die in einem gegenseitigen Abhängigkeitsverhältnis stehen. Aus dem System lässt sich so erkennen,

- wie sich bestimmte Erfolgsfaktoren wechselseitig beeinflussen,

- welche Änderungen der Kennzahlen Auswirkungen auf andere Kennzahlen haben

- und wo die Ursachen für bestimmte betriebliche Entwicklungen liegen.

> ■ *Ein Kennzahlensystem mit dem ROI an der Spitze ist besonders geeignet, die unternehmerischen Ziele in eine Hierarchie zu bringen. Damit lassen sich Abhängigkeiten, Zusammenhänge und Querverbindungen betrieblicher Vorgänge und einzelner Teilziele klar erkennen.* ■

Das Kennzahlensystem des ROI wird in der Praxis unterschiedlich weit aufgegliedert. Die Umsatzerlöse können noch nach Produktgruppen, Verkaufsgebieten und Kundengruppen aufgeteilt werden.

Wenn der ROI grafisch dargestellt wird, können die Wirkungen der einzelnen Maßnahmen im Unternehmen einfach nachvollzogen werden, die von der Unternehmensleitung und/oder den Führungskräften eingeleitet und durchgeführt werden. Fehlentscheidungen lassen sich dann leicht und schnell aufdecken.

Ein Kennzahlensystem mit dem ROI an der Spitze

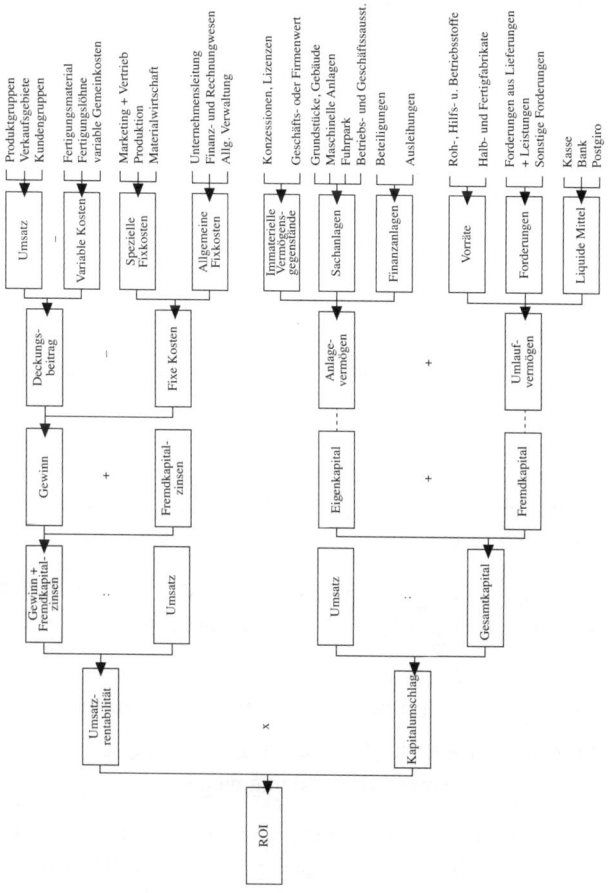

Der „ROI-Entscheidungsbaum" erlaubt einen besseren Einblick in das Unternehmen.

Der ROI als Orientierungsrahmen für Marketing, Vertrieb und Finanzmanagement

Der ROI ist auch ein Orientierungsrahmen für Marketing und Vertrieb sowie für den Finanzmanager:

Die Umsatzrentabilität bezieht sich auf die Marktziele und kann verbessert werden, wenn die Deckungsbeiträge der einzelnen Produkte erhöht werden. Die Verminderung der fixen Kosten bringt den gleichen Effekt.

Die Kapitalumschlagshäufigkeit dagegen wird durch die Verwirklichung von Finanzzielen beeinflusst. Eine Verbesserung der Kapitalstrukturen und der Vermögensrelationen führt zu einer Erhöhung der Umschlagshäufigkeit des Kapitals. Wird die Position Eigenkapital zu Anlagevermögen und Fremdkapital zu Umlaufvermögen verglichen, lässt sich überprüfen, ob die Finanzierungsregeln im Unternehmen eingehalten werden oder nicht.

■ *Für die Steuerung des Unternehmens ist entscheidend, den Wirkungszusammenhang zwischen Markt- und Finanzebene zu erkennen.* ■

Planung von oben nach unten oder umgekehrt?

Mit dem ROI-Entscheidungsbaum ist eine Top-Down-Planung oder eine Bottom-Up-Planung möglich:

■ Bei der Top-Down-Planung gibt die Unternehmensleitung das ROI-Ziel von beispielsweise 12 % vor. Die einzelnen Verantwortungsbereiche haben dann die Aufgabe, in ihren Bereichen entsprechende Teilziele zu verwirklichen, die zur Erreichung des ROI-Zieles führen.

- Bei der Bottom-Up-Planung dagegen werden zuerst die Teilziele in den einzelnen Verantwortungsbereichen festgelegt. Dann kann anschließend errechnet werden, welcher ROI im geplanten Geschäftsjahr schließlich erzielt wird.

Am besten sollten Sie in einem gegenläufigen Planungsprozess das Gegenstromverfahren anwenden: Dabei werden das Top-Down- und das Bottom-Up-Prinzip gleichzeitig durchgeführt. Durch die ständigen Rückkopplungen können sich dann die einzelnen Verantwortungsbereiche optimal aufeinander abstimmen.

Die Wertschöpfung – eine erweiterte Erfolgsgröße

Die Wertschöpfung stellt gegenüber den kapitalorientierten Erfolgsgrößen (Eigenkapital- und Gesamtkapitalrendite) eine erweiterte und umfassendere Erfolgsgröße dar.

Die Wertschöpfungsrechnung ist ein Instrument der erfolgswirtschaftlichen Bilanzanalyse. Ihr liegen alle Erträge und Aufwendungen aus der GuV in Form des Gesamtkostenverfahrens zu Grunde. Zu unterscheiden sind dabei die Entstehungs- und die Verwendungsrechnung.

Wie Sie die Entstehungsrechnung durchführen

Die Ausgangsgröße für die Errechnung der Wertschöpfung ist der Produktionswert. Er setzt sich wie folgt zusammen:

	Umsatzerlöse
+	Bestandsveränderungen an fertigen und unfertigen Erzeugnissen
+	Aktivierte Eigenleistungen
=	Gesamtleistung
+	Sonstige Erträge
=	**Produktionswert**

Wenn Sie vom Produktionswert die Vorleistungen abziehen, erhalten Sie die Wertschöpfung. Die Vorleistungen setzen sich zusammen aus:

	Materialaufwand
+	Abschreibungen
+	Sonstige Aufwendungen
=	**Vorleistungen**

Die Berechnung der Wertschöpfung lautet also:

> Produktionswert
> – Vorleistungen
> = Wertschöpfung

Wie sieht die Verwendungsrechnung aus?

Bei der Verwendungsrechnung werden bestimmte Positionen der GuV gesondert erfasst. In der folgenden Aufstellung sind die Positionen aufgeführt, die in einer Verwendungsrechnung herausgestellt werden sollten:

Verwendungsrechnung		
	€	%
Personalaufwand		
Rückstellungen		
Zinsen		
Steuern		
Gewinn		
Wertschöpfung		100

Die einzelnen Positionen umfassen:

■ Personalaufwand: Löhne und Gehälter, soziale Abgaben, Aufwendungen für die Altersversorgung.

■ Rückstellungen: Pensions- und Steuerrückstellungen sowie die sonstigen Rückstellungen, die separat errechnet werden müssen.

■ Zinsen: alle Fremdkapitalzinsen und ähnliche Aufwendungen.

■ Steuern: Steuern vom Einkommen und vom Ertrag, sonstige Steuern.

■ Gewinn: Jahresüberschuss einschließlich der Rücklagen.

Bei der Verwendungsrechnung sollten neben den Beträgen auch die Prozentsätze aufgeführt werden. Die Wertschöpfung ist die Basis und wird als 100 % angegeben. Die Ergebnisse der Verwendungsrechnung lassen sich dann anhand der Prozentsätze einfach analysieren.

■ Der Personalaufwand gibt an, welchen Anteil die Mitarbeiter an der Wertschöpfung haben.

- Die Rückstellungen geben Aufschluss darüber, welche Risikovorsorgen getroffen wurden.

- Die Zinsen stellen den Anteil der Banken an der Wertschöpfung dar.

- Die Steuern deuten darauf hin, welchen Anteil der Staat an der Wertschöpfung der Unternehmen hat.

- Der Gewinn ist die Restgröße, die für die Gesellschafter des Unternehmens übrig bleibt.

Beispiel

Wenn in einem Unternehmen der Personalaufwand (Löhne und Gehälter) 80 % der Wertschöpfung ausmacht, bleiben für die anderen Positionen insgesamt nur noch 20 % übrig. Dieser hohe Anteil von 80 % für Löhne und Gehälter lässt darauf schließen, dass die personellen Kapazitäten zu hoch liegen, dass die Produktivität zu niedrig ist oder dass die am Markt erzielten Preise für die Produkte zu niedrig sind.

■ *Die Verwendungsrechnung der Wertschöpfung gibt nicht nur Aufschluss über die im Unternehmen erzielten Einkommen oder die Produktivität, sondern ist auch ein Maßstab für seine Leistungskraft.* ■

Mit Kennzahlen Aktien beurteilen

Zu den Instrumenten der Erfolgsanalyse gehört auch die Aktienanalyse. Der Gewinn je Aktie und das Kurs-Gewinn-Verhältnis beispielsweise sind wichtige Kennzahlen, die von Kapitalanlegern und von professionellen Anlageberatern verwendet werden, um die an der Börse notierten Unternehmen zu vergleichen und um die Aktienkurse besser beurteilen zu können.

Die Aktiengesellschaften werden an der Börse regelmäßig beurteilt. Die zukünftigen Gewinnchancen bestimmen vor allem den Börsenkurs der Aktien. Die Nachfrage und damit die Kurse steigen bei Unternehmen, die stille Reserven haben und die von Kapitalanlegern wegen ihrer Ertragskraft gut beurteilt werden. Deshalb ist es lohnend, bestimmte Kennzahlen von Unternehmen, die an der Börse notiert werden, genauer zu analysieren.

Gewinn je Aktie

Der Gewinn je Aktie besagt, wieviel Gewinn eine AG bezogen auf eine Aktie erzielt hat. Diese Kennzahl stellt eine besondere Form der Eigenkapitalrendite dar:

$$\text{Gewinn je Aktie} = \frac{\text{Gewinn}}{\text{Gezeichnetes Kapital}} \times \text{Aktiennennbetrag}$$

Eine andere Formel lautet folgendermaßen:

$$\text{Gewinn je Aktie} = \frac{\text{Gewinn}}{\text{Anzahl der Aktien}}$$

In den Geschäftsberichten wird die Kennzahl „Gewinn je Aktie" von den deutschen AGs auf freiwilliger Basis bekannt gemacht. Der Hauptgrund für die Errechnung des Gewinns pro Aktie besteht darin, einen schnellen Vergleich mit den Börsenkursen zu ermöglichen.

Börsenkurs

Der Börsenkurs ist ein guter Indikator für die Einschätzung eines an der Börse notierten Unternehmens. Dieser Kurs stellt den Wert dar, den die Kapitalanleger der Aktie eines Unternehmens beimessen. Der Börsenkurs wird im Wesentlichen durch die Ertragsaussichten und den Substanzwert eines Unternehmens bestimmt.

Bilanzkurs

Der Wert der Aktie kann auch am Bilanzkurs gemessen werden. Die Formel lautet wie folgt:

$$\text{Bilanzkurs} = \frac{\text{Bilanzielles Eigenkapital}}{\text{Gezeichnetes Kapital}} \times \text{Aktiennennbetrag}$$

Der Bilanzkurs sollte mit dem Börsenkurs verglichen werden. Wenn sich Unterschiede bei der Bewertung der Aktien ergeben, lassen sich Rückschlüsse auf die Einschätzung des Substanzwerts eines Unternehmens durch die Börse ziehen. Ist der Börsenkurs höher als der Bilanzkurs, wird dadurch meist angedeutet, dass im Unternehmen stille Reserven vorhanden sind oder dass der Firmenwert hoch eingeschätzt wird.

Die stillen Reserven im Unternehmen sollten möglichst separat ermittelt und in der Formel berücksichtigt werden. Die erweiterte Formel lautet dann folgendermaßen:

$$\text{Bilanzkurs} = \frac{\text{Bilanzielles Eigenkapital} + \text{Stille Reserven}}{\text{Gezeichnetes Kapital}} \times \text{Aktiennennbetrag}$$

Beispiel

Das bilanzielle Eigenkapital eines Unternehmens beträgt 2 Mio. €. Das gezeichnete Kapital beläuft sich auf 0,5 Mio. €, die stillen Reserven betragen 0,2 Mio. €. Der Aktienkurs liegt bei 230 €. Wie sehen im Vergleich dazu Bilanzkurs und Bilanzkurs mit stillen Reserven aus?

$$\text{Bilanzkurs} = \frac{2.000.000}{500.000} \times 50 = 200\,€$$

$$\text{Bilanzkurs mit stillen Reserven} = \frac{2.000.000 + 200.000}{500.000} \times 50 = 220\,€$$

Werden die stillen Reserven nicht berücksichtigt, ergibt sich ein Bilanzkurs von nur 200 €. Bezieht man sie jedoch ein, liegt der Bilanzkurs bei 220 €, also wesentlich näher am Börsenkurs.

Ertragswertkurs

Die Berechnung des Ertragswerts eines Unternehmens hängt von der Schwierigkeit ab, den in Zukunft durchschnittlich erwirtschafteten Gewinn pro Jahr nach Steuern zu schätzen. Außerdem muss der Abzinsungsfaktor bestimmt werden. Als durchschnittlicher Gewinn sollte der Jahresüberschuss nach Steuern genommen werden. Der Kalkulationszinsfuß kann beispielsweise 10 % betragen. Die Festlegung des Kalkulationszinsfußes wird von den Unternehmenszielen beeinflusst. Die Gesamtkapitalrentabilität sollte beispielsweise 10 % betragen.

Die Formel für die Ermittlung des Ertragswerts lautet:

$$\text{Ertragswert} = \frac{\text{Durchschnittlicher Gewinn pro Jahr}}{\text{Kapitalisierungszinssatz}} \times 100$$

Beispiel

Der durchschnittliche Gewinn pro Jahr nach Steuern wird auf 400 000 € geschätzt. Der Kapitalisierungszinssatz liegt bei 10 %.

$$\text{Ertragswert} = \frac{400.000}{10} \times 100 = 4.000.000 \, €$$

Der Ertragswert des Unternehmens beträgt also in diesem Beispiel 4 Millionen €.

Die Aktie stellt einen Anteil am gezeichneten Kapital des Unternehmens dar. Wenn die Anzahl der Aktien bekannt ist, kann der Ertragswertkurs errechnet werden. Dieser Kurs wird in Euro pro Aktie ausgedrückt. Die Formel lautet wie folgt:

$$\text{Ertragswertkurs in } € \text{ pro Aktie} = \frac{\text{Ertragswertkurs des Unternehmens}}{\text{Anzahl der Aktien}}$$

Der Ertragswertkurs kann aber auch in Prozent pro Aktie festgelegt werden. Folgende Formel ist dann zu verwenden:

$$\text{Ertragswertkurs in Prozent pro Aktie} = \frac{\text{Ertragswert d. Unternehmens}}{\text{Gezeichnetes Kapital}} \times 100$$

Beispiel

Das gezeichnete Kapital liegt bei 2 Mio. €, die Anzahl der Aktien bei 40 000 Stück. Der Ertragswert des Unternehmens liegt bei 4 Mio. €.

$$\text{Ertragswertkurs in } € \text{ pro Aktie} = \frac{4.000.000}{40.000} = 100 \, €$$

$$\text{Ertragswertkurs in Prozent pro Aktie} = \frac{4.000.000}{2.000.000} \times 100 = 200 \, \%$$

Der Ertragswertkurs beträgt pro Aktie 100 € oder liegt in Prozent ausgedrückt bei 200 %.

Der Ertragswertkurs gibt Aufschluss über den inneren Wert einer Aktie, wenn die zukünftige Ertragsentwicklung berücksichtigt wird. Die Differenz zwischen dem Ertragswert und dem Bilanzwert ist der originäre Firmenwert. Er gibt an, wie hoch in etwa die im Unternehmen vorhandenen stillen Reserven sind.

Kurs-Gewinn-Verhältnis

Eine weitere Kennzahl zur Bewertung der Aktien ist das Kurs-Gewinn-Verhältnis (Price-Earnings-Ratio). Es gibt Aufschluss darüber, mit dem Wievielfachen des auf eine Aktie entfallenden Gewinns eine Aktie an der Börse bewertet wird. Dazu können Sie zwei Formeln verwenden:

$$\text{Kurs-Gewinn-Verhältnis} = \frac{\text{Börsenkurs in €}}{\text{Gewinn je Aktie in €}}$$

$$\text{Kurs-Gewinn-Verhältnis} = \frac{\text{Preis je Aktie}}{\text{Gewinn je Aktie}}$$

Diese Kennzahl ist dann besonders aussagefähig, wenn sie mit den Werten anderer Unternehmen aus der gleichen Branche verglichen wird. Das Kurs-Gewinn-Verhältnis einer Branche kann beispielsweise bei 10 liegen. Wird für eine bestimmte Aktie eines Unternehmens der gleichen Branche ein Kurs-Gewinn-Verhältnis von 15 errechnet, dann gilt diese Aktie bereits als hoch bewertet. Die Investoren werden dann die Aktie mit einem niedrigeren Kurs-Gewinn-Verhältnis kaufen, wenn die Gewinnentwicklung in Zukunft positiv eingeschätzt wird.

> ■ Ein niedriges Kurs-Gewinn-Verhältnis lässt auf eine vergleichsweise preiswerte Kapitalanlage schließen. Wenn aber zukünftige Gewinnentwicklungen nicht berücksichtigt werden, kann die Schlussfolgerung schnell irreführend sein.   ■

Das Kurs-Gewinn-Verhältnis wird in der Praxis von vielen Anlageberatern als Maßstab für die Beurteilung einer Aktie und zur Einschätzung der Kursentwicklung verwendet. Diese Kennzahl lässt erkennen, wie viele Gewinne je Aktie benötigt werden, um den Börsenkurs abzudecken. Der Gewinn je Aktie wird also auf das investierte Kapital des Investors bezogen. Je höher das Kurs-Gewinn-Verhältnis ist, desto länger dauert es, bis der Kaufpreis der Aktie durch den Gewinn amortisiert wird. Wenn Kapitalanleger eine Aktie mit hohem Kurs-Gewinn-Verhältnis kaufen, dann erwarten sie in Zukunft einen großen Ertrag.

Kurs-Cashflow-Verhältnis

Neben dem Kurs-Gewinn-Verhältnis wird immer häufiger auch das Kurs-Cashflow-Verhältnis (Price-Cashflow-Ratio) zur Bewertung der Aktie herangezogen. Da der Cashflow eine aussagefähigere Größe als der Gewinn ist, ergibt diese Kennzahl eine objektivere Bewertung der Ertragskraft eines Unternehmens:

$$\text{Kurs-Cashflow-Verhältnis} = \frac{\text{Börsenkurs je Aktie in €}}{\text{Cashflow je Aktie in €}}$$

Dividendenrendite

Der Kurs einer Aktie ist die Grundlage für die Errechnung der Rendite für die gezahlte Dividende. Bei der Errechnung der

Dividendenrendite wird die Steuergutschrift ebenfalls berücksichtigt:

$$\text{Dividendenrendite} = \frac{\text{Dividende} + \text{Steuergutschrift}}{\text{Börsenkurs}} \times 100$$

Diese Kennzahl macht deutlich, wie hoch die effektive Verzinsung des in der Aktie angelegten Kapitals ist. Die Dividendenrendite ist für die Kapitalanleger insbesondere im Vergleich mit alternativen Anlagemöglichkeiten von Bedeutung.

Für die Investoren, die bereits Aktien besitzen, ist der Kaufkurs maßgebend, zu dem das Wertpapier erworben wurde. Die potenziellen Kapitalanleger müssen die aktuellen Börsenkurse als Basis nehmen.

Beispiel

Folgende Daten liegen vor:
Nennwert der Aktie: 5 €
Kurswert: 400 €
Dividende in Prozent des Nennwerts: 40 %
Dividende + Steuergutschrift: 20 €

$$\text{Dividendenrendite} = \frac{20}{400} \times 100 = 5 \%$$

Die Dividendenrendite der Aktie beträgt in diesem Beispiel also 5 %.

Fallbeispiel: Erfolgs- und Finanzanalyse

Mit Kennzahlen ist eine bessere Erfolgs- und Finanzkontrolle möglich. In jedem Unternehmen sollte daher regelmäßig zum Jahresabschluss eine Erfolgs- und Finanzanalyse durchgeführt werden, um die Stärken und Schwächen rechtzeitig zu erkennen. Die dabei ermittelten Kennzahlen stellen Informationen in komprimierter Form dar, die einen besseren Einblick in die betrieblichen Abläufe gewähren.

Wenn zum Vergleich außerdem Branchenkennzahlen herangezogen werden, erhöht sich die Aussagekraft der eigenen Daten. Auf Grund der Abweichungen kann dann eine effektivere Erfolgs- und Finanzsteuerung durchgeführt werden. Branchenkennzahlen erhalten Sie etwa bei Ihrem Verband oder bei Ihrer Hausbank (vgl. Seite 37). Im Regelfall hat Ihre Bank eine Bilanzanalyse und Bilanzkritik Ihres eigenen Unternehmens erstellt; Sie können dort nach einer Kopie fragen. Dann können Sie die selbst errechneten Kennzahlen mit denen der Bank vergleichen und erhalten gleich eine Kontrollmöglichkeit.

Wie wird vorgegangen?

Im Fallbeispiel über ein mittleres Unternehmen wird zwischen der erfolgs- und der finanzwirtschaftlichen Bilanzanalyse und Bilanzkritik unterschieden. In den vorigen Kapiteln über die Kennzahlenanalysen wurden die einzelnen Teilbereiche ausführlich besprochen. Einen Zusammenhang über die untersuchten Bereiche vermittelt die Grafik auf Seite 103.

In diesem Beispiel konzentrieren wir uns nur auf die wichtigsten Kennzahlen, die aber bereits einen guten Einblick in die Ertrags- und Finanzlage eines Unternehmens ermöglichen, ohne dass zusätzliche Daten erarbeitet werden müssen. Dieses Verfahren hat sich in der Praxis seit vielen Jahren bereits bewährt. Das Fallbeispiel kann daher als Grundlage für kleinere und mittlere Unternehmen genommen werden. Die Erfolgs- und Finanzanalysen werden auf Basis der Jahresabschlüsse von 2000 und 2001 durchgeführt.

Bestandteile der Erfolgs- und der Finanzanalyse

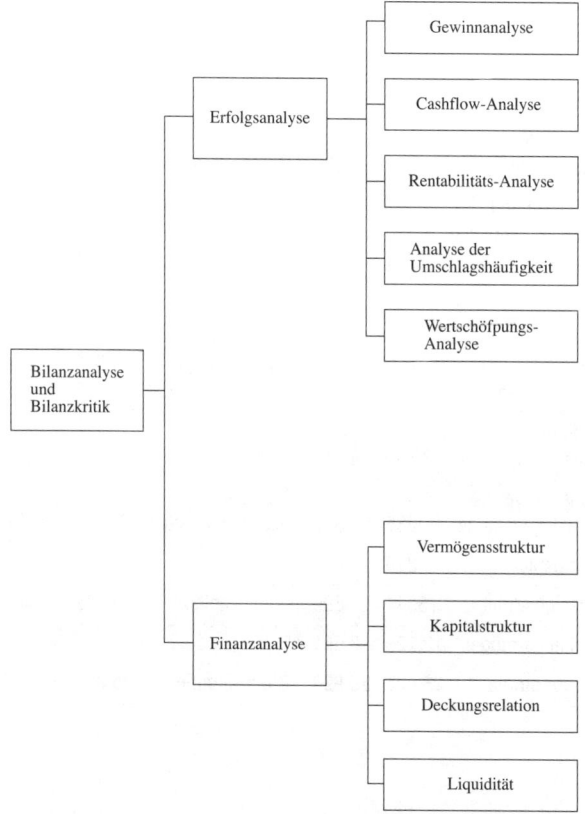

Bilanzen

Bilanz in T€					
Aktiva	**2000**	**2001**	**Passiva**	**2000**	**2001**
Immaterielle Vermögensgegenstände	230	230	Gezeichnetes Kapital	8 000	8 000
			Kapitalrücklage	5 620	5 620
Sachanlagen	10 350	11 263	Gewinnrücklagen	1 401	1 401
Finanzanlagen	776	776	Bilanzgewinn	1 815	2 442
Anlagevermögen	11 356	12 269	Eigenkapital	16 836	17 463
Roh-, Hilfs- und Betriebsstoffe	4 720	4 988	Rückstellungen	140	1 117
Unfertige und fertige Erzeugnisse	1 230	1 230	Verbindlichkeiten mit Laufzeit über 5 Jahre	3 401	4 594
Vorräte	5 950	6 218			
			Verbindlichkeiten aus Lieferungen und Leistungen	4 348	7 267
Forderungen aus Lieferungen und Leistungen	3 690	4 918			
Sonstige Vermögensgegenstände	235	309	Sonstige Verbindlichkeiten	360	479
Wertpapiere	310	310			
Flüssige Mittel	3544	6896	Fremdkapital	8 249	13 457
Umlaufvermögen	13 729	18 651			
Bilanzsumme	**25 085**	**30 920**	**Bilanzsumme**	**25 085**	**30 920**

Gewinn- und Verlustrechnungen

Gewinn- und Verlustrechnung in T€

		1999	2000
1.	Umsatzerlöse	42 054	49 289
2.	Sonstige betriebliche Erträge	123	149
3.	Materialaufwand	20 444	23 995
4.	Personalaufwand	13 513	13 895
5.	Abschreibungen	1 884	2 182
6.	Rückstellungen	99	978
7.	Sonstige betriebliche Aufwendungen	3 331	4 585
8.	Betriebsergebnis [1 + 2 - (3 + 4 + 5 + 6 + 7)]	2 906	3 803
9.	Erträge aus Beteiligungen	63	70
10.	Sonstige Zinserträge	147	170
11.	Zinsaufwendungen	566	414
12.	Finanzergebnis (9 + 10 - 11)	- 356	- 174
13.	Ergebnis der gewöhnlichen Geschäftstätigkeit (8 + 12)	2 550	3 629
14.	Außerordentliche Erträge	104	81
15.	Außerordentliche Aufwendungen	74	66
16.	Außerordentliches Ergebnis (14 - 15)	+ 30	+ 15
17.	Steuern	765	1 202
18.	Jahresüberschuss (13 + 16 - 17)	1 815	2 442
19.	Einstellungen in die Gewinnrücklagen	—	—
20.	Bilanzgewinn (18 - 19)	1 815	2 442

Erfolgsanalyse

Bei der Erfolgsanalyse werden die Positionen der Gewinn- und Verlustrechnung analysiert, die zur Erzielung des Gewinns oder Verlusts geführt haben.

Gewinnanalyse

Gewinnentwicklung

2000	1 815 T€
2001	2 442 T€
	+ 627 T€ = + 34,6 %

Der Gewinn ist im Vergleichszeitraum um nominal 627 T€ oder um 34,6 % gestiegen. Die Einflussfaktoren für diese Entwicklung müssen jetzt genauer untersucht werden.

Umsatzerlöse

2000	42 054 T€
2001	49 289 T€
	+ 7 235 T€ = + 17,2 %

Von 2000 auf 2001 sind die Umsatzerlöse um nominal 7 235 T€ oder um 17,2 % gestiegen. Das bedeutet: Der Gewinn (34,6 %) ist doppelt so stark gestiegen wie die Umsatzerlöse (17,2 %). Ursachen für die wesentliche Verbesserung der Ertragskraft des Unternehmens könnten z. B. sein, dass Produkte mit niedrigen oder negativen Deckungsbeiträgen herausgenommen wurden, die Produktivität erhöht wurde, Kosten eingespart wurden usw.

Die Umsatzerlöse sollten Sie um die Inflation bereinigen. So können Sie dann auch mengenmäßige Veränderungen analysieren (Absatzplanung) oder untersuchen, welche Produkte zur Erhöhung der Erlöse beigetragen haben. (Im Taschen Guide *Controllinginstrumente* finden Sie hierfür geeignete Verfahren, wie z. B. die Produktgruppenanalyse.)

Materialaufwand

2000	20 444 T€
2001	23 995 T€
	+ 3 551 T€ = + 17,4 %

Der Anteil des Materialeinsatzes ist im Vergleichszeitraum um 3 551 T€ oder um 17,4 % gestiegen. Die Materialkosten haben sich also im gleichen Maße wie die Umsatzerlöse erhöht. Ursachen für den Anstieg können z. B. darin liegen, dass 2001 mehr materialintensive Produkte hergestellt wurden und gleichzeitig der Ausschuss zurückging oder Roh-, Hilfs- und Betriebsstoffe günstiger eingekauft wurden usw. Da der Anteil des Materialeinsatzes am Umsatz relativ hoch ist, sollte versucht werden, hier noch Kosten einzusparen. (Hier kann Ihnen die ABC-Analyse im TaschenGuide *Controllinginstrumente* weiterhelfen.)

Personalaufwand

2000	13 513 T€
2001	13 895 T€
	+ 382 T€ = + 2,8 %

Der Personalaufwand hat sich in den Jahren 2000 bis 2001 um nominal 382 T€ oder um 2,8 % erhöht. Der Umsatz konnte aber im gleichen Zeitraum um 17,2 % gesteigert werden. Der Personalaufwand ist also unterproportional gestiegen. Diese Entwicklung kann Ursachen haben wie mehr Fremdleistungen (Subunternehmen), stärkere Automatisierung, keine oder niedrigere Tariferhöhungen, Mehrverkauf von weniger arbeitsintensiven Produkten, Produktivitätssteigerungen oder Reduzierung des Personals.

Abschreibungen

2000	1 884 T€
2001	2 182 T€
	+ 298 T€ = + 15,8 %

Das Volumen der Abschreibungen auf Sachanlagen hat im Vergleichszeitraum um 298 T€ oder 15,8 % zugenommen. Die höheren Abschreibungen lassen darauf schließen, dass im Geschäftsjahr 2001 mehr Investitionen durchgeführt wurden. Diese getätigten Investitionen haben möglicherweise die Produktivität im Unternehmen positiv beeinflusst.

Rückstellungen

2000	99 T€
2001	978 T€
	+ 879 T€ = + 887,9 %

Die Rückstellungen wurden nominal um 879 T€ oder um 887,9 % angehoben. Diese beträchtliche Erhöhung ist zum Teil darauf zurückzuführen, dass zum ersten Mal Pensionsrückstellungen gebildet wurden, die auch frühere Jahre erfassen.

Sonstige betriebliche Aufwendungen

2000	3 331 T€
2001	4 585 T€
	+ 1 254 T€ = + 37,6 %

Die sonstigen betrieblichen Aufwendungen sind im Vergleichszeitraum um 1 254 T€ oder um 37,6 % angestiegen. Diese Erhöhung ist mehr als doppelt so groß wie der Anstieg der Umsatzerlöse. Deshalb sollten die wichtigsten Positionen in diesem Bereich genauer untersucht werden, um die einzelnen Ursachen zu ermitteln. Diese Analyse ist allerdings nur bei einer internen Untersuchung möglich, da für Außenstehende die benötigten Informationen in der Regel nicht zur Verfügung stehen.

Zinsaufwand

2000	566 T€
2001	414 T€
	- 152 T€ = - 26,9 %

Der Zinsaufwand ist um insgesamt 152 T€ oder um 26,9 % zurückgegangen. Die Ursachen dafür könnten z. B. liegen in Zinssenkungen, Tilgung von Darlehen, Umschuldung oder verbesserter Innenfinanzierung.

Steueraufwand

2000	765 T€
2001	1 202 T€
	+ 437 T€ = + 57,1 %

Dieser Anstieg um 437 T€ oder 57,1 % deutet darauf hin, dass sich die Ertragskraft des Unternehmens wesentlich verbessert hat. Es ist auch anzunehmen, dass das Unternehmen den Bilanzgewinn weitgehend einbehalten hat.

Cashflow-Analyse

Der Cashflow drückt den in einer Periode aus eigener Kraft erwirtschafteten Überschuss der Betriebseinnahmen über die laufenden Betriebsausgaben aus. Die direkte Ermittlung des Cashflow ergibt:

		2000	2001
1.	Umsatzerlöse	42 054	49 289
2.	Sonstige betriebliche Erträge	123	149
3.	Erträge aus Beteiligungen	63	70
4.	Sonstige Zinserträge	147	170
5.	Außerordentliche Erträge	104	81
Zwischensumme Einnahmen		42 491	49 759
1.	Materialaufwand	20 444	23 995
2.	Personalaufwand	13 513	13 895
3.	Sonstige betriebliche Aufwendungen	3 331	4 585
4.	Zinsaufwand	566	414
5.	Außerordentliche Aufwendungen	74	66
6.	Steuern	765	1 202
Zwischensumme Ausgaben		38 693	44 157
Cashflow (Einnahmen - Ausgaben)		3 798	5 602

Die indirekte Ermittlung, die zum gleichen Ergebnis wie die direkte Ermittlung kommen muss, sieht folgendermaßen aus:

		2000	2001
1.	Bilanzgewinn	1 815	2 442
2.	Abschreibungen	1 884	2.182
3.	Rückstellungen	99	978
Cashflow		3 798	5 602

Cashflow	2000	3 798 T€
	2001	5 602 T€
		+ 1 804 T€ = + 47,5 %

Der Cashflow ist im Vergleichszeitraum nominal um 1 804 T€ oder um 47,5 % gestiegen. Damit hat sich die Ertrags- und Finanzkraft des Unternehmens gegenüber dem Vorjahr wesentlich verbessert. Die Innenfinanzierung konnte also beträchtlich ausgeweitet werden. Von den Banken mussten daher weniger Kredite in Anspruch genommen werden. Der niedrigere Zinsaufwand bestätigt diese Aussagen.

> ■ *Bei der Gewinnanalyse ist zu berücksichtigen, dass der Bilanzgewinn eine manipulierbare Größe ist. Nur anhand des ausgewiesenen Bilanzgewinns kann keine eindeutige Aussage über die Ertrags- und Finanzkraft des Unternehmens gemacht werden.* ■

Rentabilitätsanalyse

Eigenkapitalrentabilität

$$\text{Eigenkapitalrentabilität} = \frac{\text{Gewinn}}{\text{Eigenkapital}} \times 100$$

1999: $\dfrac{1\ 815}{16\ 836} \times 100 = 10{,}8\ \%$ 2000: $\dfrac{2\ 442}{17\ 463} \times 100 = 14{,}0\ \%$

Diese Kennzahl hat sich im Vergleichszeitraum von 10,8 % auf 14 % oder um 3,2 Prozentpunkte verbessert. Der Anstieg beträgt somit 29,6 %. Unter Berücksichtigung des Risikos des Unternehmens sollte möglichst eine Eigenkapitalrendite von etwa 20 % erzielt werden. Hier ist wegen der hohen Eigenkapitalquote (s. u.) die Eigenkapitalrendite so niedrig.

Gesamtkapitalrentabilität

$$\text{Gesamtkapitalrentabilität} = \frac{\text{Gewinn} + \text{Fremdkapitalzinsen}}{\text{Gesamtkapital (EK + FK)}} \times 100$$

2000: $\dfrac{1\,815 + 566}{25\,085} \times 100 = 9{,}5\,\%$ 2001: $\dfrac{2\,442 + 414}{30\,920} \times 100 = 9{,}2\,\%$

Die Gesamtkapitalrendite ist von 2000 auf 2001 von 9,5 % auf 9,2 % oder um 0,3 Prozentpunkte gesunken; die Verschlechterung macht also 3 % aus. Die Ursachen für die leicht rückläufige Effizienz der Kapitalverwendung müssen untersucht werden; dazu bietet sich die Analyse des Return on Investment (ROI) an (siehe unten).

Umsatzrentabilität

$$\text{Umsatzrentabilität} = \frac{\text{Gewinn} + \text{Fremdkapitalzinsen}}{\text{Umsatz}} \times 100$$

2000: $\dfrac{1\,815 + 566}{42\,054} \times 100 = 5{,}7\,\%$ 2001: $\dfrac{2\,442 + 414}{49\,289} \times 100 = 5{,}8\,\%$

Die Umsatzrendite ist im Vergleichszeitraum von 5,7 % auf 5,8 % oder um 0,1 Prozentpunkte gestiegen. Diese Verbesserung beträgt also 2 %.

Return on Investement (ROI)

Der ROI ist im Ergebnis identisch mit der Gesamtkapitalrendite; diese war um 3 % zurückgegangen. Der ROI entwickelte sich wie folgt:

$$ROI = \frac{\text{Gewinn} + \text{Fremdkapitalzinsen}}{\text{Umsatz}} \times 100 \times \frac{\text{Umsatz}}{\text{Gesamtkapital}}$$

= Umsatzrentabilität x Kapitalumschlagshäufigkeit

2000: $\dfrac{1\,815 + 566}{42\,054} \times 100 \times \dfrac{42\,054}{25\,085} = 5{,}7 \times 1{,}68 = 9{,}5\ \%$

2001: $\dfrac{2\,442 + 414}{49\,289} \times 100 \times \dfrac{49\,289}{30\,920} = 5{,}8 \times 1{,}59 = 9{,}2\ \%$

Der ROI ist von 2000 auf 2001 von 9,5 % auf 9,2 % gesunken. Die Differenz macht 0,3 Prozentpunkte oder 3 % aus. Aus dem ROI lässt sich ablesen, ob sich die Umsatzrendite oder die Kapitalumschlagshäufigkeit verschlechtert hat. Zur Erinnerung: Diese letzte Kennzahl gibt an, wie oft das eingesetzte Kapital in einem Geschäftsjahr durch den Umsatzprozess umgeschlagen wird.

Ursachen für den Rückgang und Maßnahmen

Bei einer genaueren Betrachtung der Ergebnisse der Jahre 2000 und 2001 lässt sich erkennen, dass die Umsatzrendite leicht von 5,7 % auf 5,8 % oder um 2 % gestiegen ist. Dagegen hat sich die Kapitalumschlagshäufigkeit von 1,68 auf 1,59 verschlechtert. Im Jahr 2000 hat sich das Gesamtkapital nach 214 Tagen einmal umgeschlagen. Ein Jahr später dauerte es 226 Tage. Dies bedeutet eine Verschlechterung um 5,6 %.

Die Kapitalumschlagshäufigkeit kann in der Praxis meist wesentlich schneller verbessert werden als die Umsatzrendite, denn diese wird insbesondere durch die Gegebenheiten am Markt (Kunden, Konkurrenz) beeinflusst. Als Ansatzpunkt für

Verbesserungen bieten sich eine Verkürzung der Lagerdauer und die Verringerung des Kundenziels an; durch gezielte Schulung der Mitarbeiter oder eine Verbesserung der Organisation können diese Ziele forciert werden. Auch Leasing von Maschinen und Fahrzeugen hat eine positive Wirkung auf die Umschlagshäufigkeit des Kapitals.

Kapitalumschlagshäufigkeit in Tagen

Die Kapitalumschlagshäufigkeit in Höhe von 1,68 und 1,59 in den Jahren 2000 und 2001 wird deutlicher, wenn sie in Tagen ausgedrückt wird:

$$\text{Kapitalumschlagshäufigkeit in Tagen} = \frac{360}{\text{Kapitalumschlagshäufigkeit}}$$

$$2000: \frac{360}{1,68} = 214 \text{ Tage} \qquad 2001: \frac{360}{1,59} = 226 \text{ Tage}$$

Das Kapital hat sich 1999 nach 214 und 2000 erst nach 226 Tagen umgeschlagen, was eine Verschlechterung von 12 Tagen oder 5,6 % bedeutet. Die Produktivität des eingesetzten Kapitals nahm demnach ab.

Forderungen aus Lieferungen und Leistungen

Debitorenumschlag

$$\text{Debitorenumschlag} = \frac{\text{Umsatzerlöse} + \text{MwSt}}{\text{Durchschnittliche Forderungen aus L + L}}$$

$$2000: \frac{42\,054 + 5\,888}{3\,690} = 12,99 \qquad 2001: \frac{49\,289 + 6\,901}{4\,918} = 11,43$$

Der Debitorenumschlag ist im Vergleichszeitraum von 12,99 auf 11,43 zurückgegangen.

Kundenziel

Aussagekräftiger ist jedoch das Kundenziel:

$$\text{Kundenziel} = \frac{360}{\text{Debitorenumschlag}}$$

2000: $\frac{360}{12,99}$ = 28 Tage   2001: $\frac{360}{11,43}$ = 32 Tage

Das Kundenziel hat sich um 4 Tage oder um 14 % verschlechtert, die Zahlungsmoral der Kunden ist also gesunken; das Unternehmen musste 2001 etwa einen Monatsumsatz vorfinanzieren. Dies kann durch eine konjunkturelle Verschlechterung verursacht sein, aber auch daran liegen, dass das Unternehmen im Zuge der Erhöhung des Umsatzes jetzt auch Kunden mit schlechterer Liquidität beliefert. Dadurch steigt das Risiko, da Forderungsausfälle zunehmen können. Durch die Intensivierung des Mahnwesens und/oder durch die Gewährung von höheren Skonti können die Kunden veranlasst werden, die Rechnungen in Zukunft schneller zu bezahlen.

In der Praxis beträgt das Kundenziel im Durchschnitt etwa 40 bis 60 Tage. Sollte es den vereinbarten Termin von 30 Tagen ohne Skontoabzug überschreiten, dann können Maßnahmen für eine zügigere Rechnungsstellung und ein effizienteres Mahnwesen helfen, aber auch verbesserte Zahlungskonditionen, Bezahlungen per Scheck u. a. m.

Verbindlichkeiten aus Lieferungen und Leistungen

Kreditorenumschlag

$$\text{Kreditorenumschlag} = \frac{\text{Materialaufwand} + \text{MwSt}}{\text{Durchschnittliche Verbindlichkeiten aus L + L}}$$

2000: $\dfrac{20\,444 + 2\,862}{4\,348} = 5{,}36$ 2001: $\dfrac{23\,995 + 3\,359}{7\,267} = 3{,}76$

Der Kreditorenumschlag hat sich im Vergleichszeitraum von 5,36 auf 3,76 oder um 30 % verschlechtert.

Lieferantenziel

In Tagen ausgedrückt lautet der Kreditorenumschlag:

$$\text{Lieferantenziel} = \frac{360}{\text{Kreditorenumschlag}}$$

2000: $\dfrac{360}{5{,}36} = 67$ Tage   2001: $\dfrac{360}{3{,}76} = 96$ Tage

Während das Unternehmen 2000 die Rechnungen im Durchschnitt nach 67 Tagen bezahlt hat, waren es 2001 bereits 96 Tage, also über 3 Monate. Das Lieferantenziel hat sich also um 29 Tage bzw. 43 % verschlechtert. Normalerweise verzögern die Unternehmen ihre Zahlungen an die Lieferanten, wenn sich die Liquidität verschlechtert hat. Dies ist aber hier nicht der Fall, da das Unternehmen über erhebliche finanzielle Mittel verfügt. Das verlängerte Lieferantenziel lässt vielmehr darauf schließen, dass bewusst auf die Skontierung verzichtet wurde. Dadurch konnten zusätzliche Erträge nicht realisiert werden.

Kennzahlen zur Lagerhaltung

Lagerumschlag für Roh-, Hilfs- und Betriebsstoffe

$$\text{Lagerumschlag für Roh-, Hilfs- und Betriebsstoffe} = \frac{\text{Materialaufwand}}{\text{Durchschnittl. Roh-, Hilfs- u. Betriebsstoffe}}$$

2000: $\dfrac{20\,444}{4\,720} = 4{,}33$ Tage   2001: $\dfrac{23\,995}{4\,988} = 4{,}81$ Tage

Im Vergleichszeitraum hat sich der Lagerumschlag für Roh-, Hilfs- und Betriebsstoffe von 4,33 auf 4,81 oder um 11,1 % verbessert.

Lagerdauer

$$\text{Lagerdauer} = \frac{360}{\text{Lagerumschlag}}$$

2000: $\dfrac{360}{4{,}33} = 83$ Tage   2001: $\dfrac{360}{4{,}81} = 75$ Tage

Die Lagerdauer hat sich um 8 Tage oder um 9,6 % verkürzt. Dadurch werden Lagerkosten (Zinsen, Schwund, Verwaltungskosten) gemindert, was sich, wie der auf Grund des schnelleren Kapitalflusses geringere Kapitalbedarf, positiv auf den ROI auswirkt.

Wertschöpfung

Aus der Differenz von Produktionswert und Vorleistungen ergibt sich die Wertschöpfung:

Produktionswert

	2000	2001
Umsatzerlöse	42 054	49 289
Sonstige betriebl. Erträge	123	149
Erträge aus Beteiligungen	63	70
Sonstige Zinserträge	147	170
Außerordentliche Erträge	104	81
Summe	42 491	49 759

Vorleistungen

	2000	2001
Materialaufwand	20 444	23 995
Abschreibungen	1 884	2 182
Sonstige betriebl. Aufwendungen	3 331	4 585
Außerordentliche Aufwendungen	74	66
Summe	25 733	30 828

Wertschöpfung

	2000	2001
Produktionswert	42 491	49 759
– Vorleistungen	25 733	30 828
Wertschöpfung	16 758	18 931

Verwendungsrechnung

Die Zahlen sehen wie folgt aus:

	2000		2001	
	T€	%	T€	%
Personalaufwand	13 513	80,6	13 895	73,4
Rückstellungen	99	0,6	978	5,2
Zinsaufwand	566	3,4	414	2,2
Steuern	765	4,6	1 202	6,3
Bilanzgewinn	1 815	10,8	2 442	12,9
Wertschöpfung	16 758	100,0	18 931	100,0

Der Anteil der Mitarbeiter an der Wertschöpfung ist im Vergleichszeitraum von 80,6 % auf 73,4 % zurückgegangen. Dies ist eine erfreuliche Entwicklung, die auf eine Steigerung der Produktivität schließen lässt. Die Rückstellungen, die zur Risikoabdeckung dienen, sind von 0,6 % auf 5,2 % angestiegen. Die Banken (Zinsaufwand) waren 2000 mit 3,4 % und 2001 mit 2,2 % an der Wertschöpfung beteiligt, der Staat (Steuern) erhielt im Vergleichszeitraum 4,6 % und 6,3 % der Wertschöpfung. An die Gesellschafter gingen 2000 10,8 % und 2001 12,9 % der Wertschöpfung.

Finanzanalyse

Nun sind noch Kapital- und Vermögenslage, die Deckungsrelationen und die Liquidität des Unternehmens zu untersuchen. Dazu werden die Zahlen aus der Bilanz herangezogen.

Vermögensstruktur

Um die Vermögensstruktur zu analysieren, werden der Anteil des Anlagevermögens sowie der Anteil des Anlagevermögens und der Vorräte an der Bilanzsumme errechnet.

Anlagenintensität

$$\text{Anteil des Anlagevermögens} = \frac{\text{Anlagevermögen}}{\text{Bilanzsumme}} \times 100$$

2000: $\dfrac{11\ 356}{25\ 085} \times 100 = 45{,}3\ \%$ 2001: $\dfrac{12\ 269}{30\ 920} \times 100 = 39{,}7\ \%$

Der Anteil des Anlagevermögens an der Bilanzsumme ist im Vergleichszeitraum von 45,3 % auf 39,7 % oder um 5,6 Prozentpunkte zurückgegangen. Dies entspricht einer Reduzierung um 12,4 %.

$$\text{Anteil des Anlagevermögens und der Vorräte} = \frac{\text{Anlagevermögen + Vorräte}}{\text{Bilanzsumme}} \times 100$$

2000: $\dfrac{11\ 356 + 5\ 959}{25\ 085} \times 100 = 69{,}0\ \%$

2001: $\dfrac{12\ 269 + 6\ 218}{30\ 920} \times 100 = 59{,}8\ \%$

Der Anteil des Anlagevermögens einschließlich der Vorräte an der Bilanzsumme ging im Vergleich zum Vorjahr um 9,2 Prozentpunkte oder um 13,3 % zurück.

Kapitalstruktur

Eigenkapitalquote

$$\text{Eigenkapitalquote} = \frac{\text{Eigenkapital}}{\text{Bilanzsumme}} \times 100$$

2000: $\dfrac{16\,836}{25\,085} \times 100 = 67{,}1\ \%$ 2001: $\dfrac{17\,463}{30\,920} \times 100 = 56{,}5\ \%$

Die Eigenkapitalquote ist im Vergleich zum Vorjahr um 10,6 Prozentpunkte oder um 15,8 % gesunken. Diese Zahl ist aber noch als sehr gut zu bezeichnen.

Langfristiger Kapitalanteil

Der langfristige Kapitalanteil an der Bilanzsumme ergibt sich aus folgender Formel:

$$\text{Langfristiger Kapitalanteil} = \frac{\text{Langfristiges Kapital}}{\text{Bilanzsumme}} \times 100$$

Der langfristige Kapitalanteil setzt sich wie folgt zusammen:

      Eigenkapital
+ 50 % der Rückstellungen
+ Langfristige Verbindlichkeiten
= Langfristiger Kapitalanteil

2000: $\dfrac{16\,836 + 70 + 3\,401}{25\,085} \times 100 = 81\ \%$

2001: $\dfrac{17\,463 + 558{,}5 + 4\,594}{30\,920} \times 100 = 73{,}1\ \%$

Der langfristige Kapitalanteil hat sich gegenüber 2000 um 7,9 Prozentpunkte oder um 9,8 % verschlechtert. Trotzdem ist die langfristige Kapitalausstattung des Unternehmens noch als sehr gut anzusehen.

Deckungsrelationen

Wie weit hält sich das untersuchte Unternehmen an die Finanzierungsregeln?

Anlagendeckung 1

$$\text{Anlagendeckung 1} = \frac{\text{Eigenkapital}}{\text{Anlagevermögen}} \times 100$$

2000: $\frac{16\,836}{11\,356} \times 100 = 148,3\ \%$ 2001: $\frac{17\,463}{12\,269} \times 100 = 142,3\ \%$

Im Vergleichszeitraum hat sich die Anlagendeckung 1 um 6,0 Prozentpunkte oder um 4,0 % verschlechtert. Die Anlagendeckung 1 ging zwar leicht zurück, ist aber dennoch als ausgezeichnet zu betrachten.

Anlagendeckung 2

$$\text{Anlagendeckung 2} = \frac{\text{Langfristiges Kapital}}{\text{Anlagevermögen}} \times 100$$

2000: $\frac{16\,836 + 70 + 3\,401}{11\,356} \times 100 = 178,8\ \%$

2001: $\frac{17\,463 + 558,5 + 4\,594}{12\,269} \times 100 = 184,3\ \%$

Die Anlagendeckung 2 hat sich im Vergleichszeitraum um 5,5 Prozentpunkte oder um 3,1 % verbessert. Sie kann als sehr gut bezeichnet werden.

Anlagendeckung 3

$$\text{Anlagendeckung 3} = \frac{\text{Langfristiges Kapital}}{\text{Anlagevermögen + Vorräte}} \times 100$$

2000: $\dfrac{20\ 307}{11\ 356 + 5\ 950} \times 100 = 117{,}3\ \%$

2001: $\dfrac{22\ 615{,}5}{12\ 269 + 6\ 218} \times 100 = 122{,}3\ \%$

Im Vergleich zu 2000 hat sich die Anlagendeckung 3 um 5,0 Prozentpunkte oder um 4,3 % verbessert. Sogar unter Einbeziehung der Vorräte besteht noch eine langfristige Deckung von über 100 %. Auch dieses Ergebnis ist als sehr gut zu bezeichnen. Das Unternehmen ist also solide finanziert.

Liquidität

Jetzt muss noch die finanzielle Stabilität des Unternehmens untersucht werden.

Liquidität 1. Grades

$$\text{Liquidität 1. Grades} = \frac{\text{Flüssige Mittel}}{\text{Kurzfr. Verbindlichkeiten}} \times 100$$

Die kurzfristigen Verbindlichkeiten setzen sich wie folgt zusammen:
1. Verbindlichkeiten aus Lieferungen und Leistungen
2. Sonstige Verbindlichkeiten
3. 50 % der Rückstellungen
4. Bilanzgewinn

2000: $\dfrac{3\,544}{4\,348 + 360 + 70 + 1\,815}$ x 100 = 53,8 %

2001: $\dfrac{6\,896}{7\,267 + 479 + 558,5 + 2\,442}$ x 100 = 64,2 %

Die Liquidität 1. Grades hat sich um 10,4 Prozentpunkte oder um 19,3 % verbessert. Mit den vorhandenen flüssigen Mitteln hätte man offene Rechnungen skontieren können.

Liquidität 2. Grades

Die Liquidität 2. Grades ergibt sich aus folgender Formel:

$$\text{Liquidität 2. Grades} = \frac{\text{Flüssige Mittel + Forderungen aus L + L}}{\text{Kurzfr. Verbindlichkeiten}} \times 100$$

2000: $\dfrac{3\,544 + 3\,690}{6\,593}$ x 100 = 109,7 %

2001: $\dfrac{6\,896 + 4\,918}{10\,746,5}$ x 100 = 109,9 %

Die Liquidität 2. Grades ist fast gleich gut geblieben.

Liquidität 3. Grades

$$\text{Liquidität 3. Grades} = \frac{\text{Umlaufvermögen}}{\text{Kurzfr. Verbindlichkeiten}} \times 100$$

2000: $\dfrac{3\,544 + 3\,690 + 310 + 235 + 5\,950}{6\,593}$ x 100 = 208,2 %

2001: $\dfrac{6\,896 + 4\,918 + 310 + 309 + 6\,218}{10\,746,5}$ x 100 = 173,6 %

Im Vergleichszeitraum ist die Liquidität 3. Grades um 34,6 Prozentpunkte oder um 16 % zurückgegangen. Trotz der relativen Verschlechterung ein immer noch guter Wert.

Working Capital

	2000	2001
Umlaufvermögen	13 729	18 651
– Kurzfristige Verbindlichkeiten	6 593	10 746,5
Working Capital	7 136	7 904,5

Das Working Capital ist im Vergleichszeitraum um 768,5 T€ oder um 10,8 % gestiegen, auch dies ein gutes Ergebnis.

Worauf Sie noch achten müssen

Wird die Ertragskraft eines Unternehmens anhand der Fakten aus dem Jahresabschluss ermittelt, müssen Sie berücksichtigen, dass in einigen Positionen der Bilanz stille Reserven enthalten sein können, die zu einem niedrigeren Vermögens- und einem höheren Fremdkapitalausweis führen. Auch der Erfolgsausweis der GuV wird dadurch beeinflusst.

Außerdem können nicht alle Erfolgsfaktoren mit harten Messgrößen quantifiziert werden. Eine gute Vertriebsmannschaft, ein attraktives Produktionsprogramm, das Know-how des Personals, die Innovationskraft oder die Qualität der Unternehmensleitung gehören zu den qualitativen Merkmalen, die den Wert eines Unternehmens und seine zukünftige Ertragskraft wesentlich beeinflussen können. Bei der Anwendung von Kennzahlen sollten Sie immer im Blick behalten, welche Erfolgsfaktoren für Ihr Unternehmen relevant sind.

Stichwortverzeichnis

Managementmethode der Zukunft

My Balanced Scorecard

Die Balanced Scorecard ist die Managementmethode der Zukunft. Sie ermöglicht es, Ihr Unternehmen mit strategischen Kennzahlen zu steuern.

Da kein Unternehmen dem anderen gleicht, ist auch jede Balanced Scorecard ein Unikat. Dieser neue Ratgeber bietet Ihnen <u>die Anleitung zur Entwicklung und Anwendung Ihrer individuellen Scorecard.</u>

Es ist das einzige Praxishandbuch mit Fallstudien, Checklisten und Präsentationsvorlagen auf CD-ROM.

Herwig R. Friedag/Walter Schmidt
My Balanced Scorecard
3. Auflage
280 Seiten, mit CD-ROM
€ 39,80*
Bestell-Nr. 01415-0003
ISBN 3-448-06500-5

* inkl. MwSt., zzgl. Versandpauschale € 1,90

Bestellen Sie bei Ihrer Buchhandlung oder direkt beim Verlag:
Haufe Service Center GmbH, Postfach, 79091 Freiburg
Tel.: 0180/5050440*, Fax: 0180/5050441* * 12 Cent pro Minute
Internet: www.haufe.de
E-Mail: bestellung@haufe.de

Setzen Sie auf Kompetenz!

Produktinformationen online

www.haufe.de

Übersicht über alle Produkte und Angebote der Haufe Mediengruppe mit tagesaktuellen News und Tipps.

Anklicken unter: www.haufe.de

Haufe Akademie

www.haufe-akademie.de

Seminare, Schulungen, Tagungen und Kongresse, Qualification Line, Management-Beratung & Inhouse-Training für alle Unternehmensbereiche. Über 180 Themen!

Katalog unter: Telefon 0761/4708-811

Arbeitsdokumente zum Download

redmark
ready for business.

Rechtssichere Verträge, Checklisten, Formulare, Musterbriefe aus den Bereichen Personal, Management, Rechnungswesen, Steuern, die den Arbeitsalltag erleichtern.

Abrufen unter: www.redmark.de

Haufe Mediengruppe

Haufe Mediengruppe Hindenburgstraße 64 79102 Freiburg
Tel.: 0180 505 04 40 Fax: 0180 505 04 41